珠江水利委员会珠江水利科学研究院
水利部珠江河口治理与保护重点实验室

珠江流域

鱼类资源调查与鱼道研究应用

王建平　黄春华　刘霞 等　著

中国水利水电出版社
www.waterpub.com.cn
·北京·

内 容 提 要

本书着重阐述珠江流域鱼类资源分布调查的结果及技术原理，并介绍该成果在珠江流域范围的应用情况。

本书共 6 章，包括绪论、珠江流域鱼类资料特性调查、鱼类行为学研究、珠江流域鱼道研究与应用、鱼道过鱼效果评估研究、结论与展望等。

本书既可为从事渠化工程、港口航道等工作的工程技术人员进行工程方案优化设计时提供参考，也可为高等院校相关专业的研究生进行学习研究时提供借鉴。

图书在版编目（CIP）数据

珠江流域鱼类资源调查与鱼道研究应用 / 王建平等著. -- 北京：中国水利水电出版社，2023.9
ISBN 978-7-5226-1814-2

Ⅰ. ①珠… Ⅱ. ①王… Ⅲ. ①珠江流域－鱼类资源－调查研究②鱼道－研究 Ⅳ. ①S922.6②S956.3

中国国家版本馆CIP数据核字(2023)第178773号

书　　名	珠江流域鱼类资源调查与鱼道研究应用 ZHU JIANG LIUYU YULEI ZIYUAN DIAOCHA YU YUDAO YANJIU YINGYONG
作　　者	王建平　黄春华　刘　霞　等著
出版发行	中国水利水电出版社 （北京市海淀区玉渊潭南路 1 号 D 座　100038） 网址：www. waterpub. com. cn E - mail：sales@mwr. gov. cn 电话：(010) 68545888（营销中心）
经　　售	北京科水图书销售有限公司 电话：(010) 68545874、63202643 全国各地新华书店和相关出版物销售网点
排　　版	中国水利水电出版社微机排版中心
印　　刷	北京中献拓方科技发展有限公司
规　　格	184mm×260mm　16 开本　7.5 印张　183 千字
版　　次	2023 年 9 月第 1 版　2023 年 9 月第 1 次印刷
印　　数	001—400 册
定　　价	**48.00 元**

▶▶▶ 前　言

在水利开发与生态保护相结合的要求下，中共中央、国务院在《关于推进水利建设和水资源保护工作的意见》中提出了"开展水生态补偿、加快推进生态修复"的航道工程建设要求。本书通过对珠江流域鱼类资源种类、分布进行调查，初步掌握了珠江鱼类的习性，整理了流域内水工建筑物及附属的过鱼设施类型及运行情况，对目前常见的池式鱼道、仿天然的生态鱼道、升鱼机等进行了概念整合及讲解，提出了鱼道过鱼效果评估原理及方法，可较好地完成对鱼道过鱼效果进行合理评估工作，以保护珠江江河湖泊生态，打造流域生态走廊、加强环境保护基础设施建设等多项措施，对全面推进珠江航运经济带生态保护型发展具有重要意义。

本书围绕人类工程建设活动对珠江流域鱼类生态影响的关键技术问题，对珠江河口、西江、东江、流溪河的鱼类资源概况与珍惜哺乳类动物白海豚重点保护海域进行梳理及监测。以鱼类游泳能力规律和鱼类对不同光线环境响应特性为基础，通过数学、物理模型试验对不同池室结构对鱼道内部水流条件影响进行研究，较好地完成了鱼道过鱼效果的评估工作。通过在已建成鱼道内拉网对过坝鱼类进行堵截后进行样品收集，对采集的鱼类进行种类鉴定，从过鱼种类多样性及数量占比情况总结出目标鱼类过鱼效率评价方法，并将成果应用在广州市流溪河水厂坝鱼道及长洲水利枢纽鱼道等工程中。

全书共6章。第1章对珠江流域生态水力学研究背景和现状进行了梳理。第2章叙述了珠江流域鱼类资源特性调查，发现鱼类密度分布离散度均较大，鱼群内普遍存在成鱼数量少、体重低、多鱼苗的现象和趋势，急需开展鱼类栖息地修复研究及采取补救措施。第3章主要通过流速、光照指标对鱼类行为进行研究。第4章着重阐述了珠江流域鱼道研究与应用。第5章主要论述了鱼道过鱼效果评估研究。第6章对珠江流域鱼类资源调查与鱼道研究应用进行了补充说明。

本书由王建平负责统筹编写，第1章和第6章由徐观兵编写完成，第2章

2.1 节和 2.2 节由黄春华编写完成，第 2 章 2.3 节和 2.4 节由余陈颖妮编写完成，第 3 章、第 4 章和第 5 章由刘霞编写完成，马茂原担任了部分统稿工作。

书中的主要研究工作是在珠江水利科学研究院各级领导大力支持下完成的，河流海岸研究所的领导和专家给予了大量的技术指导，在此一并感谢。

由于鱼类运动机理非常复杂，诸多问题还有待深入研究，希望本书能起到抛砖引玉的作用。受作者水平等诸多因素所限，书中不足之处在所难免，恳请读者批评指正。

作者

2023 年 4 月

目 录

第1章 绪 论

1.1 研究背景

珠江是一个由西江、北江、东江及珠江三角洲诸河汇聚而成的复合水系，流域河道众多，一般以西江上源为源头，发源于云贵高原乌蒙山系马雄山，流经云南、贵州、广西、广东、湖南、江西6个省（自治区）和越南的北部，从而形成支流众多、水道纷纭的特征，并在下游三角洲漫流成网河区，经由分布在广东省境内6个市县的虎门、蕉门、洪奇门（沥）、横门、磨刀门、鸡啼门、虎跳门和崖门八大口门流入南海。年径流3300多亿 m^3。

目前，珠江流域入海八大口门，水系网复杂，内陆既有感潮河段，亦有东江、北江和韩江等淡水河流，出于防洪、压咸、航运、供水及发电等需求建有许多低水头闸坝。该区域鱼类生物多样性极其丰富，分布有河口型鱼类、降河洄游以及溯河洄游等珍稀鱼类，如今闸坝的拦河修建使得鱼类洄游通道受阻，生境破碎化，严重影响了其正常生活史（产卵、洄游、索饵、越冬），这些鱼类通过低水头闸坝的需求十分迫切；同时，对于一些长距离洄游鱼类而言，如花鳗鲡和中华鲟，无论是从海洋到淡水河中生长或产卵，南方沿海地区都将是它们跨越的第一屏障，维持良好的生态环境对这些物种的保护是具有决定性的，因此南方沿海地区如何解决这类鱼类过坝问题也是一项十分艰巨的任务。

为落实我国《国家中长期科学和技术发展规划纲要（2010—2020）》及国务院颁发的《中国水生生物资源养护行动纲要》，要求以生态河流建设为目标，实现广州市主要市管河道生物多样性，落实国家水产种质资源保护、维持物种多样性及生态平衡。鱼道是现代水利工程中涉及"工程与自然和谐共存"极其重要的组成部分，是被国际"生物多样性保护条约"肯定和着力推崇的水域生态系统生物多样性保护措施，也是一项被列入我国《国家中长期科学和技术发展规划纲要（2010—2020）》的内容。国务院颁发的《中国水生生物资源养护行动纲要》、国家环保总局颁发的《水电水利建设项目河道生态用水、低温水和过鱼设施环境影响评价技术指南（试行）》以及水利部发布的 SL 609—2013《水利水电工程鱼道设计导则》都有专门针对鱼道的技术规定。开展珠江生态水力学研究建设，提高我国内河及下游三角洲河网建设的水平和效果，对于落实国家水产种质资源保护要求、净化水质、维持物种多样性及生态平衡都有着十分重要的意义。

珠江水利科学研究院近年一直从事生态水力学及环境水力学研究，在鱼类资源调查方面，对韶关北江特有珍稀鱼类省级自然保护区进行了科学考察以及对东江下游惠州河段鱼类群落的变化有较为科学的认识；在鱼道等过鱼设施领域上也开展了多项案例研究，参与了松花江流域生态保护部分工作，其中有丰满电站过鱼设施——目标鱼类游泳能力的测试实验研究工作，实验数据得到了工程设计部门的认可和应用。在南水北调补偿工程——兴隆水利枢纽鱼道建设中，课题组负责了其鱼道内的水力学特性数值模拟研究，为过鱼设施内的水力学特性模拟积累了基础；在水利部公益性行业基金项目支持下，开展了船闸过鱼能力的监测与改进措施的研究工作，对葛洲坝船闸的鱼类分布与鱼类过闸的时空规律进行了 3 年的研究，积累了十分宝贵的经验；在对鱼类行为学研究上，对贵州北盘江增殖放流鱼类进行了鱼类游泳能力测试，在鱼类行为学实验方面积累了一些研究经验；此外开展了一系列项目实践研究，《广州市主要河道拦河闸坝鱼道建设研究》项目中经综合分析比较各种鱼道型式后，在流溪河水厂坝建设了丹尼尔式挡板型鱼道，并建立了原型观测平台，进行了为期一年的过鱼效果观测；开展了《南渡江引水工程鱼道模型试验研究》，结合工程布置了提出了生态鱼道方案，并进行了水力学试验研究。经过项目的实践，近年在鱼类资源调查、鱼类游泳能力和船闸过鱼监测以及鱼道设计方面发表论文 30 余篇，申请发明专利 8 项，具备了一定的人才、技术储备，为特殊鱼种鱼道研究的开展打下了坚实的理论基础和实验条件。

1.2　研究现状及进展

本书从鱼类资源调查数据着手、详细从鱼类行为学研究、鱼道研究及应用及鱼道监测与评估 3 个方面着手，对珠江流域鱼类生存现状进行系统性总结。在水生态环境问题中，尤以鱼类对水生生态环境的改变较为敏感，鱼类资源的变化、鱼种的繁衍恢复程度已成为众多水生态影响的代表，也是目前水生态修复领域关注的焦点。开展鱼道检测、评估与应用是生态水力学的实践应用，有利于珠江流域内水利开发的同时保护鱼类生物多样性，实现人与自然的和谐相处。

1.2.1　鱼类资源调查

1.2.1.1　鱼类资源调查内容

1. 鱼类时空分布特点

研究鱼类时空分布特点是表现鱼类资源状况的主要内容，由于河段各水域水质及动力特点不一，因此鱼类聚集程度有所差异。拟通过声学走航探测研究相应水域鱼类密度时空分布特征，以平均鱼类密度辨析各水域鱼类资源量，明确各个河段鱼类主要聚集地点水深范围，分析幼鱼和成鱼占比特点，初步探索涨落潮影响条件下典型江段鱼类空间分布差异性。

2. 鱼类群落结构特点

通过生物采样明确主要分布鱼类群落组成情况及优势种类，将采集鱼类划分为淡水鱼类、海洋离群鱼类、河口鱼类、降河产卵鱼类、溯河产卵鱼类、食性双向洄游鱼类 6 大类，分析各类型鱼类产卵、洄游、捕食及栖息水域环境特点，整理分析目前珠江流域各个河段主要经济鱼类、珍稀濒危保护鱼类、洄游性鱼类生存现状及变化趋势，并识别鱼类重要生境。

3. 重点保护鱼类水域分布特点

中华白海豚是珠江口重点保护对象，其分布范围从伶仃洋东部的深圳、香港水域向西延伸至黄茅海的上、下川岛水域，为了解其生存现状，采用声学探测与船基截线目击法了解中华白海豚时空分布特点，评估种群规模，从水深、离岸距离以及咸潮季节性差异探寻中华白海豚的栖息水域需求。

1.2.1.2　鱼类生态类型

根据广东省鱼类淡水鱼类与珠江水系鱼类资源相关书籍资料，按照目前普遍的划分方法，基于鱼类栖息洄游特点将珠江河口鱼类分成六大类，分别为：①淡水鱼类，指那些生活史中绝大部分时间生活在内陆淡水水域，条件适合时偶尔进入河口的鱼类；②海洋离群鱼类，指那些在这个海洋种群中极少进入河口的小部分鱼类；③河口鱼类，指那些来自海洋并能够在河口完成整个生活史的鱼类；④降河产卵鱼类，是指那些从内陆淡水水域到海洋中去产卵的鱼类；⑤溯河产卵鱼类，指那些需要上溯到淡水中去产卵的鱼类；⑥食性双向洄游鱼类，通常指那些在淡水河海洋之间相互游离穿梭的鱼类，但跟溯河产卵及江河产卵鱼类不同，它们不是完了生殖产卵，而是为了觅食。

1. 淡水鱼类

珠江流域常见 10 种淡水鱼类，分别为鳡鱼、广东鲂、鲤鱼、赤眼鳟、海南红鲌、舌鰕虎鱼、草鱼、鲢鱼、斑点叉尾鮰、露斯塔野鲮[1]。

(1) 鳡鱼 *Elopichthys bambusa*：鲤形目鲤科鳡属。见图 1.1。

鳡鱼，又叫黄钻、哆口鱼、黄颊、黄颊鱼、鳏鱼、竿鱼、杆条鱼、大口鳡、水老虎，我国除西北、西南之外，从北至南平原地区的水系中皆有分布，广东省内主要分布在珠江水系和漠阳江水系。为栖息于江河、湖泊、水库的大型中上层鱼类，性凶猛，肉食性，常袭击和追扑其他鱼类，肉质鲜嫩，为上等经济鱼类。性成熟为 3～4 龄，亲鱼于 4—6 月在江河激流中产卵，鳡鱼卵为漂浮性卵，吸水膨胀后要随水漂流完成发育。幼鱼从江河游入附属湖泊中摄食、肥育，秋末以后，幼鱼和成鱼又到干流的河床深处越冬。生长十分迅速，性成熟以后，体长还在持续增加，最大个体长达 2m，重可达 60kg。

(2) 广东鲂 *Megalobrama hoffmanni Herre et Mvers*：鲤形目鲤科鲂属。见图 1.2。

| 图 1.1　鳡鱼 | 图 1.2　广东鲂 |

广东鲂，又名花扁、真扁鱼、河鳊，分布在广东韩江、珠江和海南岛各水系，为江湖半洄游性鱼类。河川中下层鱼类，杂食性，幼鱼主要食浮游动物，成鱼主要摄食淡水壳菜、河蚬等软体动物，兼食高等水生生物。3—4 月间产卵，产黏沉性卵，广东鲂第一次性成熟，雄鱼为 2 龄，雌鱼为 3 龄，绝对繁殖力为 54074～375300 粒，平均 131024 粒。

广东鲂在 3 龄以前，处于快速生长阶段，体长和体重的相对增长率都较大，生长指标也高；3～4 龄为成鱼阶段，生长较为稳定；自 5 龄开始生长明显趋缓。

（3）鲤鱼 *Cyprinidae*：鲤形目鲤科鲤属。见图 1.3。

鲤鱼广泛分布于广东江河、水库、池沼，多栖息于松软的底层和水草丛生处，为广东大陆和海南岛重要的捕捞和养殖对象。杂食性，掘寻食物时常把水搅浑，增大混浊度，对很多动植物有不利影响。鱼苗和稚鱼主要以浮游动物和底栖无脊椎动物为食，成鱼则以螺、蚬、小蚌和水生昆虫幼虫等为主要食料，也食用相当数量的水草和丝状藻类，冬天，鲤鱼进入冬眠状态，沉伏于河底，不吃任何东西。成熟年龄为 1 冬龄，2 月底后 3 月底初开始产卵，在流水或静水中均能产卵，黏性卵，产卵场所多在水草丛中，卵粘附于水草上发育，产卵水温一般在 17℃ 以上。

（4）赤眼鳟 *Squaliobarbus curriculus*：鲤形目鲤科赤眼鳟属。见图 1.4。

图 1.3　鲤鱼　　　　　　　　　　　　　图 1.4　赤眼鳟

赤眼鳟又称红眼鱼、参鱼，是优质的经济鱼类，具有生长快、适应性强、食性杂、商品售价高等优点，广东省内主要分布于珠江水系，漠阳江水系和海南岛南渡江。江河中层鱼类，生活适应性强，善跳跃，易惊而致鳞片脱落受伤。赤眼鳟的生活适应能力很强，杂食性，摄食藻类、水生维管束植物、水生昆虫、小鱼等。赤眼鳟性成熟早，二龄鱼即可达性成熟。生殖季节一般在 4—9 月，卵浅绿色，沉性。

（5）海南红鲌 *Erythroculter pseudobrevicauda*：鲤形目鲤科红鲌属。见图 1.5。

海南红鲌，又名拗颈、和顺，分布于海南岛及珠江水系。生活在开阔水体的中上层，游动迅速，以掠捕鱼、虾为食。性腺成熟年龄一般为 3 龄，绝对繁殖力为 7.25 万～19.27 万粒，平均 12.59 万粒，产卵期一般在 5—7 月，卵微黏性，粘附在水草的茎叶上。

（6）舌鰕虎鱼 *Glossogobiuss giuris*：鲈形目鰕虎鱼科舌鰕虎鱼属。见图 1.6。

图 1.5　海南红鲌　　　　　　　　　　　图 1.6　舌鰕虎鱼

舌鳎虎鱼为近海暖水性底层中小型鱼类，栖息于河口咸淡水交界处，也生活在江河中下游甚至上游淡水中及沿岸滩涂、海边礁石区，分布于珠江水系、沿海各河口咸淡水水域及海南岛各河口。摄食小虾、幼鱼和幼蛙。4月亲鱼性腺成熟，5月产卵，圆形黏性卵，外有以梨形卵膜，可粘在砂砾上，具有一定经济价值。

（7）草鱼 *Ctenopharyngodon idellus*：鲤形目鲤科草鱼属。见图1.7。

草鱼，又名草鲩、白鲩，四大家鱼之一。栖息于平原地区的江河湖泊，一般喜居于水的中下层和近岸多水草区域，分布于广东各水系。性活泼，游泳迅速，常成群觅食。为典型的草食性鱼类。草鱼幼鱼期则食幼虫，藻类等，草鱼也吃一些荤食，如蚯蚓、蜻蜓等。在干流或湖泊的深水处越冬。4—7月生殖季节亲鱼有溯游习性，在它溯游的行程中如遇到适宜于产卵的水文条件刺激时，即行产卵，漂浮性卵。通常产卵是在水层中进行，鱼体不浮露水面，习称"闷产"，但遇到良好的生殖生态条件，如水位陡涨并伴有雷暴雨时，雌、雄鱼在水的上层追逐，出现仰腹颤抖的"浮排"现象。卵受精后，因卵膜吸水膨胀，卵径可达5mm上下，顺水漂流，在20℃左右发育最佳，大约30～40h孵出鱼苗。产卵后的亲鱼和幼鱼进入支流及通江湖泊中，通常在被水淹没的浅滩草地和泛水区域以及干支流附属水体（湖泊、小河、港道等水草丛生地带）摄食育肥，冬季则在干流或湖泊的深水处越冬。

（8）鲢鱼 *Hypophthalmichthys molitrix*：鲤形目鲤科鲢属。见图1.8。

| 图1.7 草鱼 | 图1.8 鲢鱼 |

鲢鱼又叫白鲢、水鲢、跳鲢、鲢子，是著名的四大家鱼之一。鲢鱼属中上层鱼，春夏秋三季，绝大多数时间在水域的中上层游动觅食，冬季则潜至深水越冬。典型的滤食性鱼类，终生以浮游生物为食，在鱼苗阶段主要吃浮游动物，长达1.5cm以上时逐渐转为吃浮游植物，鲢鱼的饵食有明显的季节性，春秋除浮游生物外，还大量地吃腐屑类饵料，夏季水位越低，其摄食量越大，冬季越冬少吃少动。鲢鱼喜高温，最适宜的水温为23～32℃，炎热的夏季，鲢鱼的食欲最为旺盛。性情活泼，喜欢跳跃，有逆流而上的习性，每年4—5月产卵，为漂浮性卵。

（9）斑点叉尾鲴 *Ietalurus Punetaus*：鲶形目鮰科鮰属。见图1.9。

斑点叉尾鲴又称沟鲶、钳鱼，原产于北美洲，是一种大型淡水鱼类，具有食性杂、生长快、适应性广、抗病力强、肉质上乘等优点。栖息于水体底层，属杂食性鱼类，幼鱼主要以水生昆虫为食，成鱼则以软体动物、绿藻、大型水生植物等为食。喜欢集群摄食，具有昼伏夜出摄食习性。性成熟年龄为3龄，在洞穴及岩石缝中产卵，雄鱼有护卵习性，产透明黏沉性卵。1984 年引入中国，为外来物种。

（10）露斯塔野鲮 *Labeo rohita*：鲤形目鲤科野鲮属。见图 1.10。

图 1.9 斑点叉尾鮰   图 1.10 露斯塔野鲮

露斯塔野鲮由泰国引进，广东许多地区都有养殖。杂食性，主要食水生植物、植物碎屑、浮游植物和固着丝状藻类。2～3 龄鱼成熟，此鱼对产卵场条件无特殊的要求，产卵水温以 24～32℃为适宜，卵子为半浮性，卵径很小，0.95～1.10mm，受精后吸水膨胀可达 4.9mm。

2. 河口鱼类

珠江流域 2 种常见河口鱼类，分别为花鲈和黄鲫。

（1）花鲈 *Lateolabrax maculatus*：鲈形目鮨科花鲈属。见图 1.11。

花鲈，俗称青鲈、鲈鱼，我国沿海均有分布。此鱼喜欢栖息于河口咸淡水处，亦能生活于淡水中生活，主要在水的中、下层游弋，有时也潜入底层觅食。鱼苗以浮游动物为食，幼鱼以虾类为主食，成鱼则以鱼类为主食。性成熟的亲鱼一般是 3 冬龄体长达 600mm 左右的个体，生殖季节于秋末，产卵场在河口半咸淡水区，黏性卵。

（2）黄鲫 *Setipinna tenuifilis*：鲱形目鳀科黄鲫属。见图 1.12。

图 1.11 花鲈   图 1.12 黄鲫

黄鲫，又名簿鲫、薄口，我国南海、东海、黄海和渤海均产之，广东省主要分布在沿海海湾与河口。黄鲫为暖温性中上层鱼类，有显著的昼沉夜浮的习性，平时栖息于 4～13m 的泥沙底质水流较缓的浅海区，有集群性，分散个体偶尔进入江河下游。以摄食浮游甲壳类为主，也摄食箭虫、鱼卵和水母等。南海区域产卵期为 2—4 月，产卵地点在珠江口咸淡水水域，浮性卵。

3. 降河产卵鱼类

珠江流域常见降河产卵鱼类为鲻鱼。

鲻鱼 *Mugil cephalus*：鲻形目鲻科鲻属。见图1.13。

鲻鱼，又名乌头、乌鲻、脂鱼、白眼、丁鱼，属于广温、广盐性鱼类，可在淡水、咸淡水和咸水中生活，喜欢栖息在沿海近岸、海湾和江河入海口处，是我国南方沿海咸淡水养殖的最主要经济鱼类之一，广泛分布与广东各河口与沿海。稚鱼后期主要摄食浮游动物，进入河口后，以泥表的腐殖质、矽藻和蓝藻等低等藻类及小动物为食，随着生长胃趋发达，食性也由动物性转为植物性。雄鱼一般3～4龄、雌鱼4～6龄成熟，产卵群体中雄鱼占优势，但个体较小。生殖期约在10月至次年1月，此时鱼类降河或从河口游至外海产卵，卵具有球形浮性特性，初孵仔鱼全长2.4mm，春天到达沿岸的幼鱼约20～30mm。

4. 溯河产卵鱼类

珠江流域常见3种溯河产卵鱼类，为花鰶、大鳞鲃和凤鲚。

（1）花鰶 *Clupanodon thrissa*：鲱形目鲱科鰶属。见图1.14。

图1.13 鲻鱼   图1.14 花鰶

花鰶，俗称黄鱼，分布在广东珠江、韩江等江河下游及海南岛河口等地。为暖水性小型鱼类，栖息于河口及江河中下游，在沿海也可捕到。主要以硅藻、浮游动物及小型甲壳类为饵。4月开始生殖洄游，6—7月为产卵盛期，是一种咸水生长，淡水产卵的鱼类。

（2）大鳞鲃 *Barbus capito*：鲤形目鲤科鲃属。见图1.15。

大鳞鲃为广温性鱼类，具有肉质鲜美，生长速度快，抗逆性强，耐盐碱等优良特性。原产于乌兹别克斯坦的阿姆河，其最大个体体长70cm，体重12kg，是当地贵重的大型经济鱼类，杂食性鱼类，以植物碎屑、底栖动物和小鱼虾为主要食物来源。大鳞鲃的繁殖特性大鳞鲃为洄游性鱼类，也称生殖洄游鱼类，其主要栖息于咸海水域育肥、发育，性成熟时洄游到江河中产卵，野生大鳞鲃性成熟年龄为4～5

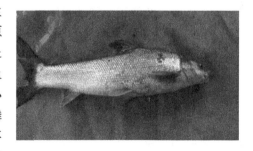

图1.15 大鳞鲃

龄，每年5月底到7月初（40d左右），阿姆河水温达到22～25℃时，大鳞鲃开始产卵，产卵量4万～10万粒，大鳞鲃的卵粒大，呈乳白色，为漂浮性鱼卵，吸水膨胀后1h直径为4.5～4.8mm。查阅相关广东淡水鱼类志，并无此鱼类记载，分析认为捕获对象为人工养殖逃逸鱼种。

（3）凤鲚 *Coilia mystus*：鲱行目鳀科鲚属。见图1.16。

　　凤鲚，又名凤尾鱼，暖温性沿岸中上层鱼类，广泛分布在我国沿海。属于河口性洄游鱼类，平时栖息于浅海，其食物为桡足类、糠虾、端足类、牡蛎和鱼卵。每年春季，大量鱼类从海中洄游至江河口半咸淡水区域产卵，但绝不深入纯淡水区域，产卵后返回沿海。一般是 4 月下旬亲鱼开始由海中来到江河口，但数量不多，5 月上旬至 7 月上旬则大批到来，在咸淡水域产卵。在洄游到江河口产卵期间很少摄食。刚孵化不久的仔鱼就在江河口的深水处肥育，秋季再回到海中，次年达性成熟。是长江、珠江、闽江等江河口的主要经济鱼类。

　　5. 食性双向洄游鱼类

　　珠江流域常见食性双向洄游鱼类为黄鳍鲷。

　　黄鳍鲷 *Acanthopagrus latus*：鲈形目鲷科鲷属。见图 1.17。

图 1.16　凤鲚　　　　　　　　　　　　　　图 1.17　黄鳍鲷

　　黄鳍鲷，又名黄墙、黄脚立、赤翅等，广泛分布于我国近海，是华南沿海重要的经济鱼类之一。黄鳍鲷为浅海暖水性底层鱼类，适盐范围较广，在盐度为 0.5‰～4.3‰ 的海水中均可生存，可以从海水中直接移入淡水，在半咸水中生长最佳，栖息于沿岸及河口区，也能上溯至淡水里。仔鱼以动物性饵料为主，仔鱼期常因饥饿而相互蚕食，成鱼则以植物性饵料为主，主要为底栖硅藻，也食小型甲壳类。黄鳍鲷 1 龄鱼性腺开始发育，至 2 龄即发育成熟，黄鳍鲷为雌雄同体。10 月下旬至次年 2 月产卵，有明显的生殖迁移活动，在产卵期来临之前约两个月，从近岸半咸水海区向高盐的深海区移动，产卵后又回到近岸，1—2 月可见鱼苗。

1.2.2　鱼类行为学研究

　　鱼类的克流能力根据生物代谢模式和持续时间的不同主要分为 3 类，以速度来表示：感应流速、临界游泳速度和突进游泳速度测试[2]。突进游泳速度是鱼类所能达到的最大速度，维持时间很短，通常＜20s。此速度下，鱼类通过厌氧代谢得到较大能量，获得短期的爆发速度，同时也积累了乳酸等废物。依照游泳时间的不同爆发游泳能力又可以分为猝发游泳速度和突进游泳速度。其中，猝发游泳速度指鱼类在极短时间（＜2s）内达到的最大游泳速度，通常在捕食和紧急避险时使用。突进游泳速度指鱼类在较短时间内（＜20s）达到的最大游泳速度。美国的 TRB2009 年会的报告中指出：观测到鱼类通过鱼道时的游泳速度为突进速度；Blake（1983）通过研究发现鱼类通过竖缝式鱼道的竖缝时运用突进游泳速度，直到疲劳才停下来休息，是鱼道设计中的重要参数[3]。

　　一般情况，鱼类会通过调节它们身体和尾鳍摆动的频率和摆幅来减缓速度或加速，以保持加速—滑行（burst-and-coast）的游泳方式，这种方式下鱼类能够减少消耗的能量。清华大学吴冠豪认为此种游动方式的鱼类在加速阶段，鱼尾鳍先摆动一个完整的幅度，然后再摆动半个尾幅[4]。这种加速—滑行的游动方式比稳定游动方式节约 45% 的能量。

鱼常用持续速度运动（例如洄游），通常在困难地区则使用耐久速度，在捕食和逃避时则使用突进速度。

鱼类的持续游动被认为是鱼类实行"马拉松"式的有氧代谢的游动。其持续游动速度为鱼类可以稳定的持续游动 6 h 而不会使其筋疲力尽的最大速度。耐久游动为鱼类的有氧和无氧代谢运动相结合下的游动。耐久速度的持续时间为持续进行持续游动和突进游动后，致使鱼类产生疲劳的持续时间，一般情况下为 2~200 min。耐久速度的持续时间的长短与鱼类的种类、个体大小、水体温度以及突进游动和持续游动的周期等均有一定的关系。

目前，对鱼类趋流特性的研究主要从两个层次出发：一是测试鱼类群体对流速的感应程度；二是测试鱼类个体对流速的感应程度。都是以鱼类开始逆水流游泳为指示指标。

在鱼类的游泳能力研究中，对鱼类克流能力的研究最多，也是恒定低流速过鱼设施设计时的重要参考依据。其中，对鱼类持续游泳能力的研究主要以鱼类持续时间>200min 为指标，或者以鱼类体内出现疲劳的生理指标为指示。由于鱼类持续游泳能力为鱼类在恒定低流速下的游泳行为，在过鱼设施内出现的几率较小，鱼类持续游泳能力一般研究主要局限在相关针对鱼类的生理疲劳指标研究方面。

耐久游泳速度可以保持相对较长的时间，且对鱼类不会造成明显的生理压力，其中，临界游泳速度是耐久游泳速度的上限值，获取这个数值对于保证鱼类通过的前提下，减小工程量，缩短鱼道长度有重要意义。通过国际上对鱼类游泳行为的研究，一般将临界游速作为鱼道过鱼孔的设计流速的重要参考值。

持续游泳时间是反映鱼类长时间维持游泳运动的指标，尤其对于距离较长或者结构较为简单的鱼道，持续游泳时间关系到鱼类可以连续上溯的距离，是鱼道设计中鱼道长度以及休息池设计的参考依据之一。

而对于鱼道的一些特殊结构及高流速区，通常以突进游泳速度为目标进行研究。Bainbridge（1960）通过比较 3 种鱼的突进速度得出，鱼类的突进速度与体长有一定的关系，每秒前进的距离均约为其体长的 10 倍（10BL/s）左右。不同种类的鱼类没有明显差异。但是，鱼类的突进速度并不是固定的，其会随着突进游动的持续时间而明显减小。当突进速度在持续 2s 后就会显著减小到 4~6BL/s。由于突进游动所消耗的主要是进行无氧运动的白肌能，白肌能的变化也决定了鱼类的突进速度。因此 Bainbridge 提出的 10BL/s 原则上只是一个特定条件下的瞬时行为。一般情况，突进速度的绝对值（distance/time）随体长增加，相对值（bodylength/time）随体长减小。一般鱼类通过鱼道中的特殊结构以及过鱼孔的时间<20s，所以以这个突进游速作为鱼类可通过的重要指标。

我国过鱼设施及鱼类行为学研究起步较晚，在 20 世纪 80 年代为葛洲坝、富春江等鱼道设计做过一些鱼类行为学试验，但局限于测试鱼类的最大游泳能力，对其他行为学参数没有涉及。测试鱼类也比较单一，而且采用的测试方法及观测手段相对落后，得到的数据准确程度无法满足现在鱼道设计的要求。20 世纪 80 年代以后，由于葛洲坝工程采用增殖放流代替过鱼设施作为鱼类保护措施，此后的 20 年中，过鱼设施及鱼类行为学研究基本上处于停滞状态，因此对鱼类游泳行为的研究也相当匮乏。近年来，由于国家对水利工程建设带来的生态环境问题的日益重视，一些科研院所及院校也陆续开展了一些鱼类行为学研究，研究手段和观测手段也有了一定进步。

1.2.3　鱼道研究及应用

为了满足经济快速发展的需求，充分利用水能资源，世界各国修建了许多大坝和堤堰。目前我国水资源的治理和开发进入了新阶段，在我国的大江大河上修建了越来越多的大坝以及其他隔流建筑物。但河流上筑坝设闸后阻断了原河流的连续性，改变了河流固有的自然特性，对闸坝上下游的水环境与水生态环境条件产生较大影响。同时，人们对水资源工程建设与生物多样性保护的问题越来越重视。一般情况，闸坝修建后，鱼类栖息地环境质量、水位、流量等水力要素将出现变化，会对鱼类活动产生重要影响，甚至可能会直接导致某些溯河洄游鱼类种群灭绝，鱼道作为一种生态补偿工程，能满足人们恢复水生态系统的要求。

国外开展鱼道研究建设较早，最早的鱼道记载出现在 17 世纪的法国，是开凿在河道中的礁石、急滩等天然障碍以沟通鱼类的洄游路线。国外鱼道的主要过鱼对象一般为鲑鱼和鳟鱼等具有较高经济价值的洄游性鱼类。1662 年法国西南部的贝阿尔省颁布规定要求在堰、坝上建造供鱼上下通行的通道，用于解决水位落差过大，造成鱼类洄游困难，为此需开辟通路的问题，调整其水位及流速，以利水生生物溯游。早期的这些措施未经过科学研究，更接近于自然状态。进入 20 世纪，随着西方经济的快速发展，对水电能源和防洪、灌溉以及城市供水的需求不断加大，水利水电工程得以蓬勃地开展，同时这些工程对鱼类资源的影响也日益突出，鱼道的研究和建设随之发展起来。1908 年比利时学者丹尼尔（G. Denil）设计建造了世界上第一座挡板式鱼道，后人称之为丹尼尔式鱼道。1913 年，加拿大建成了著名的赫尔斯门鱼道。1938 年在美国西部哥伦比亚河上建成了邦维尔坝，是美国一座拥有大规模现代过鱼建筑物的枢纽，也是世界上第一座有集鱼系统的过鱼建筑物。如 20 世纪 50 年代，美国、加拿大两国共同修建了圣劳伦斯水电站和深水航道，水电站的修建阻隔了美国幼鳗从大西洋到上游安大略湖的洄游；20 世纪 70 年代，在大坝的加拿大岸加装了鳗鱼鱼道后，缓解了鳗鱼洄游的障碍，20 世纪 90 年代末，美国联邦能源调节委员会（FERC）向圣劳伦斯大坝美方即纽约电力局（NYPA）提出，在大坝的美国沿岸建设鳗鱼鱼道。

据不完全统计，至 20 世纪 60 年代初期，美国和加拿大建有各种过鱼建筑物 200 多座，欧洲 100 座左右，日本约 35 座，苏联有 15 座以上。至 20 世纪晚期，鱼道建设密度明显上升，在北美有近 400 座，日本则有 1400 余座。世界各国鱼道建设情况统计见表 1.1。其中比较著名的有美国的邦纳维尔坝鱼道、加拿大的鬼门峡鱼道以及英国的汤格兰德坝鱼道等。其中较高较长的鱼道分别是美国的北汉坝鱼道（提升高度 60.0m，全长 2700.0m）和帕尔顿鱼道（提升高度 57.5m，全长 4800.0m）。目前世界上水头最高、长度最长的鱼道是著名的巴西巴拉那河上的伊泰普水电站的鱼道，该鱼道建成于 2002 年年底，耗资 1200 万美元，实际爬升高度约有 120m，全长达 10km，其中自然鱼道 6km，人工修建鱼道 4km，该鱼道每年帮助 40 余种鱼洄游产卵。

表 1.1 世界各国鱼道建设情况

	国家和地区	主要鱼道形式	数量/座
北美洲	美国	阶梯式、竖缝式	
	加拿大	池式、导墙式	240
南美洲	巴西		50
	南美		46
	阿根廷		3
欧洲	英格兰和威尔士	池式、丹尼尔式	380
	法国	池式、丹尼尔式	500
	德国和奥地利	近自然式的旁通式鱼道	
	苏联	池式、堰式	
	波兰	池式	50
	西班牙	池式、堰式、丹尼尔式	115
	北欧	池式、堰式	420
亚洲	中国	池式	80
	日本	池式、堰式	11000
非洲	南非洲		无
	北非洲		
大洋洲	澳大利亚	池式、导墙式	70
	新西兰	管道、堰式	

我国鱼道的主要过鱼对象一般为珍贵鱼类、特有鱼类、鲤科鱼类和虾蟹，由于受经济、社会和技术条件所限，对鱼道研究建设起步较晚，大约始于 20 世纪 50 年代末，经历了初步发展期（20 世纪 60—70 年代）、停滞期（20 世纪 80—90 年代）和二次发展期（2000 年以后）三个阶段。

初步发展期始于 1958 年，我国在规划浙江富春江七里垄水电站中首次设计了鱼道，并进行了科学试验和水系生态环境的调查，最大水头约 18m。此后的 20 世纪 60—70 年代，我国陆续在黑龙江和江苏等地兴建了鲤鱼港、斗龙港、太平闸等 30 多座鱼道。1960 年黑龙江兴凯湖附近首次建成了新开流鱼道，1962 年建成鲤鱼港鱼道，1966 年建成江苏大丰斗龙港鱼道，1972 年建成太平闸鱼道。其中在模型试验、鱼道建设、运行观测及过鱼效果等方面较具代表性的为 1980 年建成的湖南衡东洋塘水闸鱼道。这些鱼道多数建在沿海防潮闸旁和沿江平原地区江、湖间的低水头闸坝上，故底坡较缓，提升高度也不大，一般在 10m 左右。

由于我国很多已建的鱼道是参照国外的标准进行设计施工，鱼道内流速偏大，仅仅适合洄游能力强的鱼类，导致鱼道不能完全发挥其作用。从资料分析来看，国内的鱼道大部分运行不理想。例如浙江省富春江七里垄电站的鱼道，自建成后就从未有鱼、虾、蟹通过，后来被"绿化隐蔽"；湖南衡东县洣水洋塘水轮泵水电站的鱼道从 1984 年起便废弃不用了。据不完全统计，我国在各类水利工程中已建鱼道 40 座以上，主要分布在江苏、浙江、上海、安徽、广东和湖南等省（直辖市）。国内其他部分鱼道的概况见表 1.2。

表 1.2　　　　　　　　　　　国内部分鱼道概况

名称	类别	地点	主要过鱼品种	长度/m	宽度/m	水深/m	底坡	设计水位差/m	设计流速/(m/s)	隔板型式	隔板块数	隔板间距/m	备注
斗龙港	沿海	江苏大丰	鳗、蟹、梭、鲈	50	2	1	1:33	1.5	0.8~1.0	两侧导竖式	36	1.17	钢筋混凝土槽式，有补水管，1966年建
太平闸	沿江	江苏邗江	鳗、蟹、四大家鱼、刀鱼	297	3	2	1:115	3	局部0.3	梯形表孔，长方形竖孔	117	4.5	两个进口，一个出口，梯-矩形综合断面，有分流交汇地、岛型观测室及闸门自控设备，近年运行水位差达 4.5m，1973年建
太平闸	沿江	江苏邗江	鳗、蟹、四大家鱼、刀鱼	127	2	2	1:86	3	局部0.3	梯形表孔，长方形竖孔	117	2.5	
太平闸	沿江	江苏邗江	鳗、蟹、四大家鱼、刀鱼	117	4	2	1:115	3	局部0.3	梯形表孔，长方形竖孔	117	4.5	
浏河	沿江	江苏太苍	鳗、蟹、四大家鱼、刀鱼	90	2	1.5	1:90	1.2	0.8	梯形表孔，正方形底孔	35	2.5	进口在小水电站旁，1台有集鱼系统
裕溪河	沿江	安徽和县	鳗、蟹、四大家鱼、刀鱼	256	2	2	1:64	4	0.5~1.0	两侧导竖式	97	2.4	进口在深孔闸旁，有补水孔及纳苗门，大小鱼道并列，1972年建
裕溪河	沿江	安徽和县	鳗、蟹、四大家鱼、刀鱼	256	1	2	1:64	4	0.5~1.0	两侧导竖式	197	1.2	进口在深孔闸旁，有补水孔及纳苗门，大小鱼道并列，1972年建
团结河	沿海	江苏南通	梭、鲈	51.3	1	2.5	1:50	1	0.8	平板长方孔	65	1.5	进口在闸门旁，扎顿生有侧向进鱼孔，1971年建
洋塘	低水头枢纽	湖南衡东	银鲴、草、鲤、鳊	317	4	2.5	1:67	4.5	0.8~1.2	两表孔、两潜孔	100	3	主进口在泵站下游，有三个辅助进口，泵站及电站尾水平台上有集鱼、补水系统，有汇合地，上游补水渠，1979年建

20 世纪 80 年代，我国在葛洲坝水利枢纽建设时针对中华鲟的保护方式做了大量的研究，但最终采取了人工繁殖和放养的方法解决中华鲟等珍稀鱼类的过坝问题。此后，我国在大江大河上修建大坝时几乎都不再考虑修建过鱼设施，导致鱼道研究工作在此后的 20 年里基本陷于停滞状态。已考虑过鱼设施的也由于工程部门与生物专家缺乏广泛沟通而影响功能，造成我国江河生物多样性下降，河流生态服务功能下降，严重制约区域生态的可

持续发展。有关研究资料表明：葛洲坝三个船闸的下游是鱼类聚集最多的地方，说明过了这么多年许多鱼类依然要本能地过坝上溯。设置增殖放流站并不能从根本上解决问题，仅能缓解中华鲟珍贵鱼类的上溯问题，但是不能解决普通鱼类的上溯，更加谈不上维持河道的流通性和生态环境的保护。

进入 21 世纪，我国鱼道研究建设迎来了第二次发展期。随着生态环保认识的深入，环境影响报告中要求具备条件的水利水电工程在新建与修复重建过程中增设鱼道工程措施，以期达到生态修复与维护生物多样性、减缓对鱼类影响的目标，近年来新建的鱼道有安徽巢湖鱼道、广西长洲水利枢纽鱼道、浙江曹娥江大闸鱼道、北京上庄新闸鱼道、西藏狮泉河鱼道、吉林珲春老龙口坝鱼道等。

2011 年，水利部组织开展了《水利水电工程鱼道设计导则》编制工作，并于 2013 年发布（标准编号为 SL 609—2013）。导则在收集、整理国内外有关鱼道设计及运行管理资料基础上，全面总结了我国水利水电工程鱼道设计经验并吸纳有关研究成果，这标志着我国鱼道建设出现了相关行业标准，为今后新建拦河闸坝及增设鱼道提供了依据。

1.2.4　鱼道监测与评估

鱼道建成后，如何评价鱼道的效果也是备受关注的焦点。通过对鱼道的监测和评估可以及时了解鱼道本身对鱼类的增补作用，认知鱼道在设计上的不足，从而进行相应的调整。评价指标一般分为鱼道效能和鱼道效率（Larinier，2008）：前者是一个定性的概念；后者是一个定量的概念，一般指通过鱼道的鱼类占试图通过鱼道的鱼类的数量或种类的比例，以百分数表示。主要的自动化监测方法有：水下光学摄像、遥测技术、电阻计数、红外计数以及水声学探测技术[5]。

国外的监测手段从鱼道建立之初就配备得比较完善，在水下布设光学摄像机并通过录像的回放对鱼类进行计数是一种比较常见的过鱼效果评估方法。在太平洋西北地区，Parsons 和 Skalski（2010）通过水下摄像机的录制对溯河产卵的大马哈鱼和七鳃鳗实现了较大规模的精确计数[6]。McCormick 等（2015）通过视频监测技术对鱼道内多种鱼类的迁徙规律做了抽样概率设计，分析了不同鱼种的迁徙时间及重叠时段[7]。近年来，Negrea 等（2014）开发了一套动态识别系统并将其运用到鱼道水下视频监测，极大地减少了人力投入的同时提高了识别精度[8]；Steel 等（2013）表明鱼类遥测技术一般指使用电子追踪标记获得自由游动的鱼类信息的方法，包括无线电标记、声学标记以及 PIT 标记[9]。无线电遥测技术的信号接收天线需布置在空气中，常用于鱼类行为研究和鱼道入口效率的监测，Hughes 等（2015）使用该方法对美国福斯特大坝大马哈鱼的下行路径进行了研究，结果表明大马哈鱼幼鱼绝大部分是通过水轮机下行[10]。声学遥测技术类似于无线电遥测，但其接受信号装置水听器需布置在水中（Pincock 和 Johnston，2012），Adam 等（2015）对欧洲鳗鲡的下行路径进行了跟踪，绘制了鱼类从释放地点到坝前的五条主要路径[11]。PIT（passive integrated transponder）标记是一种被动式的信号接收方式，其自身不携带电池，标记尺寸小，具有独特的编码技术，是目前评估鱼道过鱼效率的主流手段。Castro-Santos（1996）等在美国卡伯特电站鱼道布置了 43 个 PIT 标记信号接收线圈，统计了该鱼道的过鱼效率为 88%～96%，并找到了其中一个休息池设计不合理的缺陷，进一步改善了鱼道的水力条件。Moser 和 Ogden（2012）利用 PIT 标记对美国哥伦比亚河邦纳维尔华盛顿州一岸的鳗鱼道进行过鱼效果监测，发现近年来七鳃鳗的通过效率由原来的90％～100％降到了71％～86％，提出了导致效率下滑的原因是鳗鱼道入口的吸引力较低。Weibel 和 Peter（2013）利用 PIT 标记技术对鱼类通过瑞士中部和北部的 8 个底斜坡的比例进行了分析，得出了上行效率随着鱼的种类、斜坡等级的变化而变化[12]。此外，国外对电阻计数、红外计数以及声学探测技术均有实施案例（Baumgartne 等，2010；Burnett 等，2017），已形成一套比较完整的鱼道监测技术方案和框架。

我国的鱼道监测成果与我国鱼道的建设情况基本吻合，20 世界 70 年代安徽裕溪闸鱼道和湖南洋塘鱼道，监测到过鱼数量分别为 75 尾/h 和 385 尾/h（安徽省巢湖地区水产资源调查小组，1975；徐维忠和李生武，1982[13]）。20 世纪 80 年代后，国内鱼道监测评估有 30 多年的停滞期，近期才开始逐渐开展相关监测工作，主要研究者有谭细畅、陶江平、李捷、王珂、武智、李清辉等。监测手段主要为视频监测人工计数和生物采样的方法，但近年来国外较为先进的监测手段如声学探测（王珂等，2013；Wu 等，2013；）在国内长洲水利枢纽鱼道中逐步得到运用，金瑶等正使用 PIT 标记技术对大渡河安谷竖缝式鱼道的过鱼效率进行试验研究并取得了初步实验成果[14]。总体讲，我国的鱼道监测方法单一，持续周期不长，指标不明确，因此在未来的长时间内，还必须做大量的相关研究工作，与国外现代化的研究手段接轨。

国内外常见的鱼道过鱼效果监测方法主要包括：张网法、截堵法、水下摄像头拍摄法、芯片示踪法。国外有采用过芯片示踪法进行过鱼监测，但是这种方法成本较高，需要从下游抓获鱼类，进行芯片植入，在鱼道出口进行持续监测，但这种方法不适合长期持续监测。

根据鱼道的自身特点，现有截堵法、水下摄像头拍摄法、张网法等监测手段对实验性鱼道的过鱼效果进行监测，具体介绍如下。

1. 截堵法＋水下摄像头拍摄法

鱼道过鱼效果监测初期，采用了截堵法和水下摄像头拍摄两种方法联合进行鱼道过鱼效果监测，每月中旬对鱼道进行了一次监测。

由于实验性鱼道建设位置的特殊性，鱼道中间休息室底板为原来的水闸底板，休息池内水深较大，水泵抽水时间长，且汛期水流比较浑浊，部分鱼躲在遗留的船闸闸门后面，难以被发现，导致截堵法人工捕捞鱼误差比较大，监测效果不理想。

而目前国内还没有专业的鱼道监测设备，可购置水下摄像机，并在休息池、斜坡通道段及鱼道出口布置了 3 个监测点，进行连续的水下摄像，由于鱼冲刺通过鱼道都是瞬间的，如果不是大量的鱼群事实上很难捕捉、分析和统计，市场上现有的水下摄像机也不具备后处理功能，而且摄像头长期位于水下其外部的玻璃保护罩上易附着脏物和长青苔，1～2 星期一次的水下清理也是非常烦琐。同时汛期流溪河水流比较浑浊，并且鱼道内水流流速较大，紊动较强，安装摄像头进行监测后，只能拍摄到摄像头附近 20～30cm 范围内的鱼类，监测效果不理想。

2. 张网法

张网法即在鱼道出口设置鱼笼，鱼笼分前后三层，内层孔口逐渐减小（外网网口长×高为 90cm×80cm，内网方形小口边长为 20cm，整个网长 5m），其利用鱼类的逆流习性，当进入第一层网口之后，逃亡的本能促使鱼类使用更大的力气往里面逃窜，进入下一层网之后，致使鱼无法逃脱。

渔网安装方式如图 1.18 所示。采用焊接钢架，将渔网固定在钢架上，然后放入闸门后侧，底部放在鱼道出口平台上，上部用铁丝固定在闸门框上，依靠水流的冲击力和钢架自重，渔网口紧贴闸门外侧，与鱼道出口紧密吻合。渔网尾部由四根铁丝牵住，固定在鱼道上游水闸挡墙上，保持渔网处于张开状态。

图 1.18　渔网照片及安装方式

每次收渔网，先将闸门关闭，然后将四根铁丝松开，再将固定渔网的钢架从水里拿出，最后收鱼、量尺寸、称重、拍照。截堵法即将鱼道上游闸门关闭，用水泵将鱼道内水抽干，进行人工捞鱼的方法，然后再对抓到的鱼进行拍照、测量、称重。

该方法简单、成本较低、监测结果准确可靠，通过后续监测来看，张网法满足鱼道过鱼效果监测的要求。

3. 监测时段的选择

在张网法监测的初期，每天下午 17—18 时进行鱼笼收取、记录，为了增加不同监测时段对比性，张网法监测后期，每天上午 8—9 时进行鱼笼收取、记录。

1.3　研究方法及内容

1.3.1　水声学探测

根据 GB/T 12763.6—2007《海洋调查规范　第 6 部分：海洋生物调查》，调查船只船速以 10km/h±5km/h 为宜，研究中使用的 Simrad 公司 EY60 鱼探仪为分裂式波束，波束宽（beam width）为 7.0°，工作频率为 120kHz，探测功率为 225W，可根据水深变化情况进行功率的调节。使用 EY60 走航探测时采用全球卫星定位仪 GPS 在线同步记录航迹航线，将 EY60 换能器通过固定杆（或机械臂、滑轨等）从船前舷置于水面下约 2.0m，波束发射方向为垂直向下，线缆沿固定杆绑定，并连接到船舱内的电脑终端。通过其他仪器测定水温数据输入 EY60 数据采集器校核声速，仪器设备连接交流电源也可以通过蓄电池直接供电（12V）。测量时严格控制图中每段航线的起点和终点，可适当增加航线距离，不宜减小。见图 1.19。

　　　　(a)　　　　　　　　　　　(b)　　　　　　　　　　　(c)

图 1.19　声学探测布置

1.3.2　生物采样

首先观测探测河段有无其他捕鱼渔船，若有作业渔船，对其进行现场调研，统计渔获物信息，使用电子秤和直尺量测渔获物的体重、体长，并对其进行拍照以供种类鉴定；若无作业渔船，根据现场情况选择底层拖网、变层拖网、流刺网等工具进行鱼类采样。拖网时船速为 3~4 节（1 节＝1.80km/h），每网拖 30min，拖网距离约 3km，具体视渔获物情况而定。起网后，同样使用电子秤和直尺统计计算各网次中渔获物中除底栖虾蟹类等贴底鱼类之外的所有鱼类和头足类的尾数、体长、体重等数据。

1.3.3　中华白海豚观测

对珠江河口外围海域中华白海豚的观测除使用声学探测外（方法与口门段鱼类探测相同），还运用了截线距离抽样法进行调查。使用渔船作为观测船。观测台设于船艄上甲板，目视点离水面约 4~5m，目视点安装双目望远镜（Nikon7×50IFWP）。调查船以 812km/h 的速度沿预设的截线航行，其中黄茅海水域存在大面积商业养蚝及内伶仃洋三滩两槽地形，观测航线基本为直线型，其余截线间隔约 4km。由 2 人组成观察小组，主观测员通过望远镜观测，副观测员肉眼观测兼记录观测结果，主副观察员每半小时轮换一次以避免疲劳。当发现海豚时暂停观测，调查船靠近海豚群，估算海豚个体数、群体组成和行为等，并拍摄不同侧面的海豚照片，记录海豚目击数据（目击时间、位置、目测距离、个体数、特色组成和行为等），位置由鱼探仪配备 GPS 获得。

1.3.4　调查指标及数据处理

1.鱼类时空分布

声学数据使用 Echoview 5.4 软件进行处理和分析，走航数据以 100m 为分析单元，设定目标强度阈值为−65dB，根据经验对回波图像中的失真数据进行排除，利用鱼类追踪技术进一步排除噪声，提高鱼类计数准确性，导出鱼类追踪回波数（fish track），鱼类目标强度 TS 和栖息水层可直接提取，见图 1.20。本研究采用有白鲑鱼体体长与目标强度的经验公式对鱼类体长分布进行估算：$TS=35\log L-95.8$；鱼类密度计算采用回波计数法，水体体积通过单体回波（single targets）结果文件获取，当鱼类个体呈零散分布（八大口门鱼类分布特点相符）时，可采用以下公式进行密度计算：

$$\varphi=\frac{N}{PV}$$

式中：φ 为单位体积水体鱼类数量，即鱼类平均密度；N 为鱼类回波数；V 为每一个 ping 探测的波束体积（水体体积）；P 为 ping 数量。

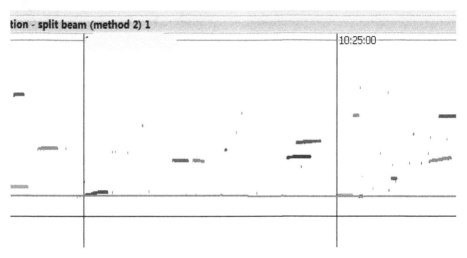

图 1.20 鱼类追踪技术

2. 中华白海豚目击率及目击分布

中华白海豚目击率计算公式如下：

$$E_n=n/L$$

$$E_s=\sum_{i=1}^{n}S_i/L$$

式中：E_n 为群目击率；E_s 为个体目击率；n 为总目击次数；S_i 为第 i 群内个体总数；L 为单位观测截线总长度（单位为 100km）。声学探测中若出现目标回波，记为一次群体出现。

目击分布即海豚出现的位置分布，通过中华白海豚出现的坐标记录，绘制空间分布图，分析其与周边环境关系。

1.3.5 鱼类游泳能力测试

1. 实验水槽

游泳能力测试水槽为国产自制的封闭循环式游泳水槽，见图 1.21，测试区尺寸（长×宽×高）为 70cm×20cm×20cm。测试区域可密封也可与外部长方体水箱进行水体交换，测试区流速由电动机带动叶轮转动产生并通过变频器调节大小，水流经蜂窝状稳流装置整流后可保证鱼类测试区域流场均匀稳定。实验时在水槽上方架设一台摄像头，观察鱼类游动时的各种游泳行为，如图 1.22 所示。游泳能力水槽水流速度通过 LS300 - A 便携式流速仪测定，实验期间水槽温度通过 TP300 电子温度计测得，见图 1.22。

图 1.21　鱼类游泳能力测试水槽

图 1.22　游泳能力测试水槽鱼类游泳

2. 流速标定

测试前需对流速进行标定，将流速仪固定在盖板的圆孔中，逐步调大电机频率，调节步长为 1 Hz，测量相应频率下的流速，每个频率下读 3 个流速值，取平均值。通过测得的流速与频率的值，建立流速与频率之间的线性关系。游泳水槽的流速标定结果如图 1.23。

3. 实验鱼暂养与转运

为减轻鱼类的应激反应，实验鱼捕捞后在暂养池中暂养 24 h 后方可开始实验。暂养池为开敞式水箱，见图 1.24。暂养用水为东江河段江水，暂养水温为 23~25℃，期间保持对暂养池充氧，溶氧维持在 7.0mg/L 以上。暂养池日换水量约 20%。实验过程中需要对实验鱼进行转运时，使用带水容器进行鱼类转运，以减少对实验鱼的影响。

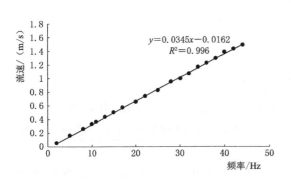
图 1.23　水槽流速与电机频率关系图

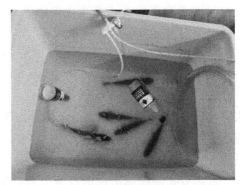
图 1.24　实验鱼暂养池

第2章 珠江流域鱼类资料特性调查

珠江是我国七大江河之一，其干、支水系分布于云南、贵州、广西、广东、湖南、江西等6省（自治区）和越南东北部，流域总面积453690 km²。西江、北江于广东省三水思贤滘相汇后注入西北江三角洲，东江于东莞市石龙镇汇入东江三角洲。

珠江三角洲是复合三角洲，由西、北江思贤滘以下，东江石龙以下河网水系和入注三角洲诸河组成，河网区内河道纵横交错，其中西、北江水道互相贯通，形成西北江三角洲，思贤滘及东海与西海水道的分汊点（邓滘沙）是西北江三角洲河网区重要的分流分沙节点；东江三角洲隔狮子洋与西北江三角洲相望，基本上自成一体。

2.1 珠江河口鱼类生态研究

2.1.1 珠江河口水系特征

西、北、东江水沙流入三角洲后经八大口门出海，形成"三江汇流、八口出海"的格局。八大口门动力特性不尽相同。珠江河口不仅是流域洪水、泥沙宣泄入海和纳潮、航运的通道，而且地处咸淡水交汇、泥沙淤积之处，呈现了复杂多样的自然环境，种类多样的生物在此繁衍、栖息或作为迁徙的重要中转站，具有重要的生态功能。珠江河口蕴藏着丰富的滩涂资源、湿地动植物资源、渔业资源等。

八大口门所属水域内有大襟岛中华白海豚省级自然保护区。保护对象为中华白海豚及其生境和洄游路线，保护面积46000 hm²。

2.1.2 珠江河口鱼类调查方案

本调查分为冬季和夏季两个批次，冬季调查时间为2018年1月11—27日，历时17d；夏季调查受禁渔期影响，分别在2018年4月12—20日以及2018年8月20—26日进行。

调查范围包括八大口门及河口外围海域，其中探测水域河段长度为虎门30.23km、蕉门30.09km、洪奇门25.05km、横门45.24km、磨刀门62.41km、鸡啼门38.79km、虎跳门26.81km、崖门33.38km；河口外围海域白海豚探测走航路线控制在−20m等深线以内，全长264.56km，包括黄茅海、澳门水域以及伶仃洋水域。

八大口门鱼类采样点位置及坐标见表2.1，根据实际情况，虎门江段设置1个站点、蕉门设置2个站点、洪奇门设置1个站点、横门设置2个站点、磨刀门设置3个站点、鸡啼门设置2个站点、虎跳门设置3个站点、崖门设置2个站点。八大口门水质调查站点均匀布置，每个口门走航江段布设3个采样点，分别在起点、中点和终点。

表 2.1　　　　　　　　　　　　　　鱼 类 采 样 点 位 置

名　称	经度/(°)	纬度/(°)	名　称	经度/(°)	纬度/(°)
虎门	113.609924	22.784013	磨刀门 3 号	113.450517	22.114800
蕉门 1 号	113.572267	22.731850	鸡啼门 1 号	113.256800	22.101717
蕉门 2 号	113.551267	22.751606	鸡啼门 2 号	113.275571	22.060926
洪奇门	113.563020	22.644328	虎跳门 1 号	113.121507	22.219427
横门 1 号	113.520850	22.579233	虎跳门 2 号	113.165600	22.248733
横门 2 号	113.566815	22.567648	虎跳门 3 号	113.186617	22.352883
磨刀门 1 号	113.302950	22.352683	崖门 1 号	113.072550	22.409050
磨刀门 2 号	113.399967	22.218283	崖门 2 号	113.070473	22.316895

2.1.3　珠江河口鱼类生态调查结果

2.1.3.1　鱼类密度及时空分布特点

1. 鱼类密度量级分布

2018 年 1 月冬季探测中，虎门水域共采样 313 个分析单元，最大鱼类密度 302.27ind/1000m³，水域密度均值为 (46.05±50.30)ind/1000m³；蕉门水域共有 219 个分析单元，最大鱼类密度 270.84ind/1000m³，水域密度均值为 (33.12±40.93)ind/1000m³；洪奇门共有 190 个鱼类采样单元，最大鱼类密度 69.61ind/1000m³，水域密度均值为 (10.52±10.22)ind/1000m³；横门共 143 个采样单元，最大鱼类密度 49.27ind/1000m³，水域密度均值为 (13.67±10.29)ind/1000m³；磨刀门共 644 个采样单元，最大鱼类密度 357.31ind/1000m³，水域密度均值为 (25.34±35.32)ind/1000m³；鸡啼门共 89 个采样单元，最大鱼类密度 67.50ind/1000m³，水域密度均值为 (8.61±9.80)ind/1000m³；虎跳门共 129 个采样单元，最大鱼类密度 192.99ind/1000m³，水域密度均值为 (19.59±27.68)ind/1000m³；崖门共 319 个采样单元，最大鱼类密度 404.63ind/1000m³，水域密度均值为 (32.04±43.78)ind/1000m³。见图 2.1 和表 2.2。

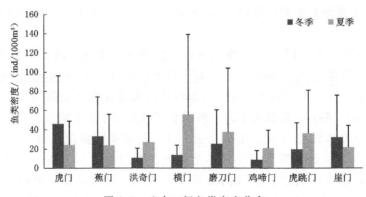

图 2.1　八大口门鱼类密度分布

表 2.2 冬季各口门鱼类密度

口门	虎门	蕉门	洪奇门	横门	磨刀门	鸡啼门	虎跳门	崖门
鱼类密度均值 /(ind/1000m³)	46.05	33.12	10.52	13.67	25.34	8.61	19.59	32.04

由于各口门走航距离与探测水体体积存在差异,以鱼类密度均值表示各口门鱼类资源量,冬季八大口门鱼类资源量排序为虎门>蕉门>崖门>磨刀门>虎跳门>横门>洪奇门>鸡啼门。从图 2.1 可看出,鱼类资源量较大的口门相比资源量小的口门,其鱼类密度分布离散度较大,存在一定的空间差异性。

2018 年 4 月夏季探测中,虎门水域共有 420 个采样单元,最大鱼类密度 236.31ind/1000m³,水域密度均值为 (24.21±24.76)ind/1000m³;蕉门水域共有 293 个采样单元,最大鱼类密度 318.46ind/1000m³,水域密度均值为 (23.70±32.28)ind/1000m³;洪奇门共有 285 个鱼类采样单元,最大鱼类密度 254.08ind/1000m³,水域密度均值为 (26.93±27.19)ind/1000m³;横门共 270 个采样单元,最大鱼类密度 692.27ind/1000m³,水域密度均值为 (55.72±83.23)ind/1000m³;磨刀门共 633 个采样单元,最大鱼类密度 659.10ind/1000m³,水域密度均值为 (37.52±66.55)ind/1000m³;鸡啼门共 235 个采样单元,最大鱼类密度 119.94ind/1000m³,水域密度均值为 (20.88±18.70)ind/1000m³;虎跳门共 201 个采样单元,最大鱼类密度 330.11ind/1000m³,水域密度均值为 (36.00±44.99)ind/1000m³;崖门共 370 个采样单元,最大鱼类密度 150.42ind/1000m³,水域密度均值为 (21.76±22.70)ind/1000m³。见图 2.1 和表 2.3。

表 2.3 夏季各口门鱼类密度

口门	虎门	蕉门	洪奇门	横门	磨刀门	鸡啼门	虎跳门	崖门
鱼类密度均值 /(ind/1000m³)	24.21	23.70	26.93	55.72	37.52	20.88	36.00	21.76

同理以鱼类密度均值表示各口门鱼类资源量,八大口门鱼类资源量排序为横门>磨刀门>虎跳门>洪奇门>虎门>蕉门>崖门>鸡啼门。从图 2.1 可看出,各口门鱼类密度分布离散度均较大,说明夏季各口门鱼类空间分布存在差异性。

2. 鱼类密度空间分布

鱼类主要聚集水域特点:虎门水域两个季节的鱼类都主要集中在大虎岛上游至东江南支流汇流口处,冬季虎门大桥下方局部水域在冬季鱼类聚集程度较高,但在夏季并非鱼类主要聚集地,鱼类资源密度较小(图 2.2)。蕉门水域两个季节的鱼类多聚集在蕉门水道下段,此外冬季鱼类主要聚集水域还有坦尾桥下游 2km 水域、探测河段中游一在建施工大桥水域处和水牛头水域(图 2.3)。其中水牛头水域也是传统的黄唇鱼(国家二级保护动物)保护实验区,冬季探测中在该水域不仅获得众多鱼类回波信号,并疑似发现黄唇鱼回波信号(图 2.4)。洪奇门水域鱼类两个季节空间分布都均为均匀,总体表现为靠近口门水域密度较大。夏季鱼类密度相比冬季有明显提升,且鱼类主要集中在横门与洪奇门连通水道汇入口(洪奇门段)(图 2.5)。横门水域中冬季只有横门大桥一个鱼类聚集点,且鱼类密度均值处于八大口门末位,而夏季鱼类资源密度均值一跃成为八大口门之首,此时

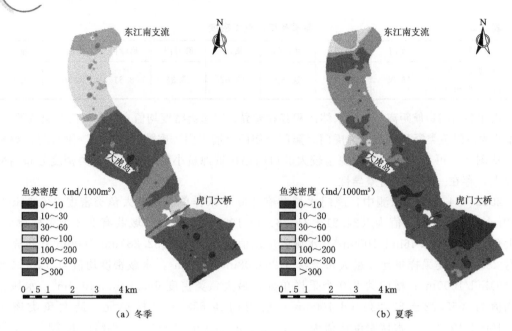

图 2.2　虎门不同季节下鱼类密度分布

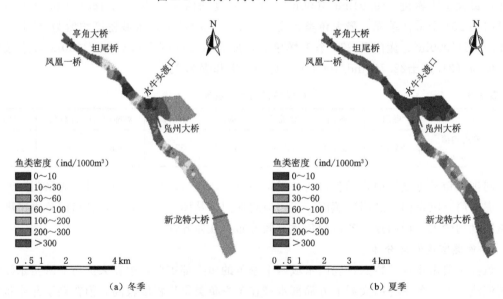

图 2.3　蕉门不同季节下鱼类密度分布

鱼类聚集点主要有横门与洪奇门连通水道汇入口（横门段）（鱼类采样单元密度高达 692.27ind/1000m³，为夏季探测鱼类密度最大单元）以及淇澳大桥以内口湾处（鱼类密度 60～100ind/1000m³）（图 2.6）。磨刀门鱼类两个季节下都集中在珠海大桥至口门水域，并且夏季鱼类在该段聚集现象更为明显，冬季在珠海大桥上游 2km 江心洲水域亦有较多鱼类分布（图 2.7）。鸡啼门两个季节下鱼类密度分布都较为均匀，总体表现为鱼类资源匮乏，两季均为八大口门最低。夏季鱼类密度均值有所提升，鱼类多分布在鸡啼门大桥

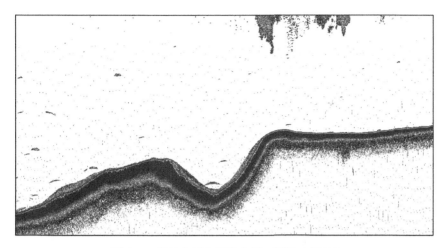

图 2.4　疑似黄唇鱼回波信号（深坑中回波）

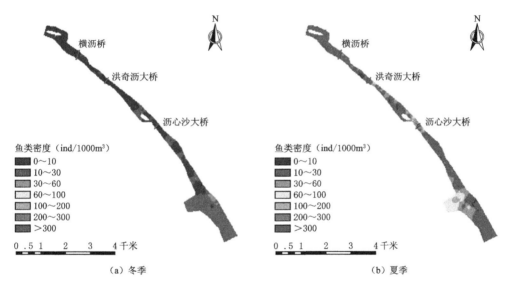

（a）冬季　　　　　　　　　　（b）夏季

图 2.5　洪奇门不同季节下鱼类密度分布

处（图 2.8）。虎跳门水域的鱼类两季分布水域基本相同，均集中在永业围下洲头至铁路桥河段水域，夏季相比冬季在该水域的聚集程度更高，且夏季铁路桥上游 1km 处鱼类密度值较大（图 2.9）。崖门水域两季鱼类均主要分布在三江渔业队江心洲左岸附近水域，冬季崖门水域的高密度聚集点更多，有崖门大桥以及探测范围的中段右岸水域（鱼类密度高达 404.63ind/1000m³，为冬季探测最大鱼类密度单元）（图 2.10）。

3. 鱼类群落组成

冬季对珠江河口八大河口进行渔获物采样调查，共采集到鱼类 17 种，510 尾，隶属 4目 8 科 17 属（表 2.4）。各口门中，虎门水域仅采集到花鰶 1 种鱼类 5 尾，鱼种较少，蕉门鳀鱼的出现频率最高，洪奇门广东鲂和花鰶的出现频率最高，磨刀门鲻鱼的出现频率较高，鸡啼门鱼类资源匮乏，探测时段未采集到鱼类，虎跳门赤眼鳟出现的频率较高，崖门

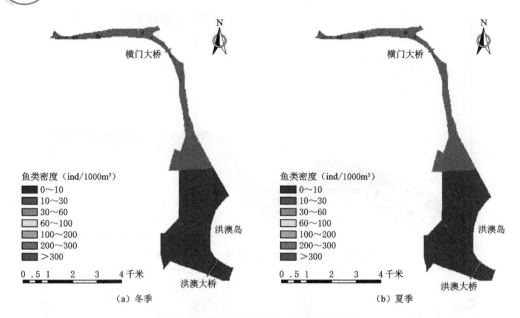

图 2.6　横门不同季节下鱼类密度分布

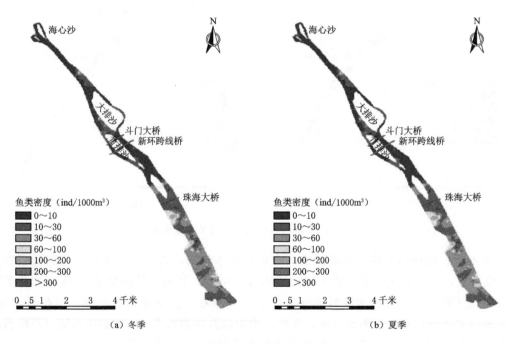

图 2.7　磨刀门不同季节下鱼类密度分布

广东鲂出现的频率较高

相对数量上，鲻鱼、广东鲂、赤眼鳟位列前三，而相对生物量上排名前三的为鲻鱼、斑点叉尾鮰和赤眼鳟，鲻鱼无论是从相对数量（30.39%）还是相对生物量（37.98%）均最高，为本次珠江河口生态调查优势种。

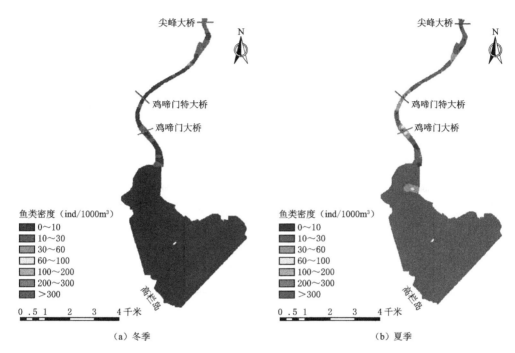

图 2.8　鸡啼门不同季节下鱼类密度分布

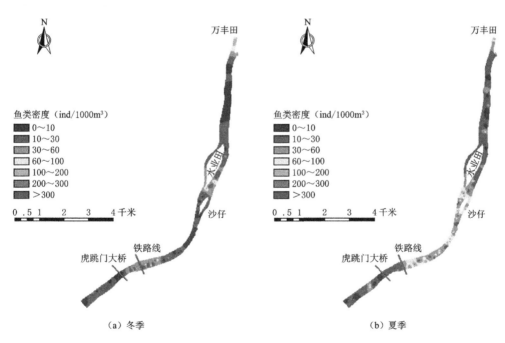

图 2.9　虎跳门不同季节下鱼类密度分布

4. 白海豚目击分布

　　对东部入海口至西部入海口 20m 等深线以内水域进行了 2 个航次中华白豚调查，走航路线由 GPS 导航尽量一致，途中记录了该物种的空间分布位置，见表2.5。

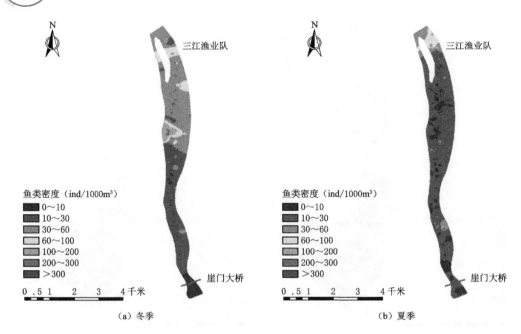

图 2.10　崖门不同季节下鱼类密度分布

表 2.4　　　　　　　　　　　　珠江河口八大口门渔获物组成汇总

鱼种	虎门	蕉门	洪奇门	横门	磨刀门	鸡啼门	虎跳门	崖门	相对数量/%	相对生物量/%	生态类型
鳎鱼		+	+		+				30.39	37.98	降河洄游
鳜鱼		+							7.84	4.38	淡水鱼类
花鲈		+			+				3.92	3.53	河口鱼类
黄鲫		+	+		+				3.92	6.65	河口鱼类
广东鲂		+	+				+	+	13.73	6.33	淡水鱼类
鲤鱼		+							3.92	2.27	淡水鱼类
凤鲚		+							0.98	0.08	溯河洄游
赤眼鳟		+		+			+		11.76	8.04	淡水鱼类
大鳞鲃			+						0.98	0.80	溯河洄游
黄鳍鲷			+		+				2.94	1.01	食性双向洄游
花鰶	+		+					+	4.90	1.16	溯河洄游
海南红鲌			+	+			+		2.94	3.30	淡水鱼类
舌鰕虎鱼			+		+				1.96	0.34	淡水鱼类
草鱼					+				1.96	1.26	淡水鱼类
鲢鱼					+			+	2.94	7.91	淡水鱼类
斑点叉尾鮰							+		1.96	12.24	淡水鱼类
露斯塔野鲮							+		2.94	2.71	淡水鱼类

表 2.5 中华白海豚目击点记录

目击点	数量/头	离岸距离/km	平均水深/m
冬 1	20	3.6	6
冬 2	2	1.6	12
冬 3	2	2.9	13
冬 4	4	1	8
冬 5	12	3.9	7
夏 1	10	9.7	15
夏 2	10	3.5	19
夏 3	8	12	12
夏 4	12	4.7	7

通过分析比较认为，中华白海豚在冬季的栖息水域离岸更近，集中范围在 1～4.6km，相应栖息水深更浅，范围在 6～13m，而夏季海豚的栖息水域离岸更远 3.5～12km，活动水域水深 7～19m。

2.1.4 珠江河口鱼类生态讨论

1. 鱼类栖息水层时空特点

通过提取鱼类回波特性，分析珠江河口八大口门鱼类栖息水层分布特点（图 2.11）。虎门水域鱼类冬夏两季均主要栖息在 12～18m 水层，其中以 15～18m 水层分布最多，比例达 30.33%（冬）和 27.84%（夏）。夏季鱼类在表层水体 0～5m 的鱼类比例有所增加，其余水层鱼类分布比例两季度变化不大。蕉门鱼类冬夏两季主要栖息水层为 3～9m，最为集中水层 6～9m，所占比例分别为 49.60% 和 44.74%。相比于冬季，夏季鱼类深水层（15～30m）分布比例显著减少，有向表层迁移的趋势。洪奇门水域水深值总体偏低，鱼类主要栖息水层处于 6～12m，其中冬季在 6～9m 所占比例（39.10%）最大。夏季在 9～12m 水层所占比例（42.90%）最大。横门水域鱼类在冬季主要栖息在 18～21m 水层，所占比例为 27.74%。而夏季主要栖息水层处于 6～9m，所占比例高达 41.39%。冬季鱼类栖息于中下水，夏季鱼类栖息于中上水层的特点较为鲜明，鱼类垂向运动特征明显。磨刀门鱼类两季下主要栖息水层均在 6～9m，其中冬季占比达 56.98%，夏季占比达 46.87%。鸡啼门水域水深较浅，冬季鱼类主要集中在 3～6m，夏季则集中在 6～9m。虎跳门鱼类主要栖息在 6～12m 水层，冬季主要聚集在 6～9m（44.02%），夏季主要聚集在 9～12m（40.60%）。崖门水域鱼类冬季主要集中在 12～15m 水层（31.59%），夏季则主要集中在 9～12m 水层，占比达 33.94%，1～3m 表层鱼类有所增加，其余水层变化不大，体现了一定程度的垂向迁移特点。

2. 生物多样性分析

对渔获物数据进行进一步分析，计算各口门生物多样性指数，采用 Shannon 多样性指数和 Margalef 物种丰富度指数。Margalef 物种丰富度指数表示鱼类种类与数量的丰富程度，反映了在一定区域范围内鱼类种类的丰富程度，而 Shannon 多样性指数是一个反映丰富度和均匀度的综合指标，反映群落生态系统的稳定性，计算公式如下：

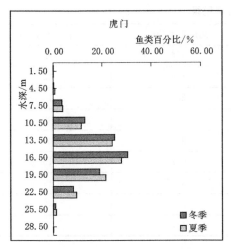

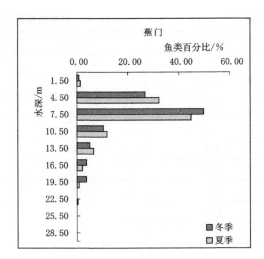

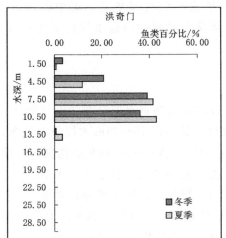

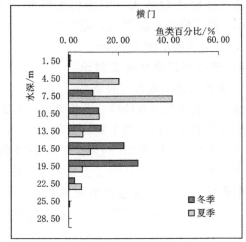

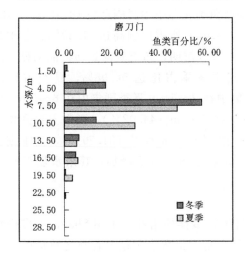

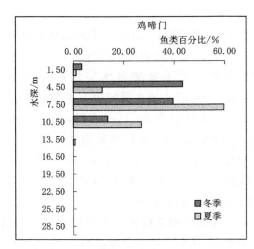

图 2.11（一）　珠江河口八大口门鱼类栖息水层分布

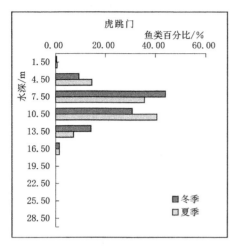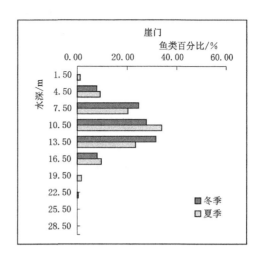

图 2.11（二） 珠江河口八大口门鱼类栖息水层分布

Shannon 多样性指数：

$$H = -\sum P_i \ln P_i$$

Margalef 物种丰富度指数：

$$D = (S-1)/\ln N$$

式中：P_i 为每各口门第 i 种的个体数与总个体数比值；S 为每个口门鱼类种类数；N 为每个口门采集到的鱼类个体数。

图 2.12 显示虎门和鸡啼门 Margalef 丰富度指数为 0，洪奇门丰富度指数最高为 1.621，其次为蕉门 1.438，Margalef 丰富度指数排序为洪奇门＞蕉门＞磨刀门＞虎跳门＞崖门＞横门＞虎门＝鸡啼门。Shannon 多样性指数最高为洪奇门 1.991，最低为鸡啼门 0，相应排序为洪奇门＞蕉门＞虎跳门＞崖门＞磨刀门＞横门＞虎门＞鸡啼门。分析认为洪奇门、蕉门、磨刀门物种的丰富度较高，3 个口门 1 月多年平均山潮比均较高，径流作用较强，导致一些上游淡水鱼类进入河口区域几率较大，造成 3 个口门物种丰富度较高。而在物种多样性上，洪奇门、蕉门和虎跳门较高，说明 3 个口门水域的鱼类群落系统相对稳

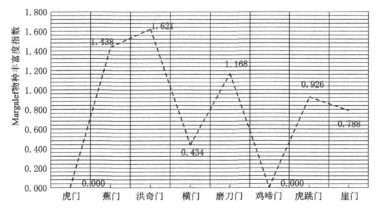

图 2.12 珠江河口八大口门鱼类 Margalef 物种丰富度指数变化

定，虎跳门 1 月多年平均山潮比在八大口门中同样较大，因此认为珠江河口八大口门中受径流影响较大的口门往往具有较为稳定的鱼类群落系统，主要得益于淡水鱼类的种类和数量的增加。

渔获物采样在 1 月冬季进行，由上述多样性分析可知洪奇门的鱼类丰度和多样性都位居八大口门之首，相应虎门水域鱼类指标均处八大口门末位，但该季节下反应的鱼类资源量虎门是极其丰富的，洪奇门极其匮乏。多样性分析受采样的影响较大，虎门由于探测当天条件限制，采样网次较少，这是影响其多样性指标较低的主要原困，推测虎门相关多样性指数维持在一个较高水平，此外横门也存在同样问题，相关成果需进一步验证。

3. 白海豚目击率与年龄组成

根据相关计算公式，冬季中华白海豚的群体目击率为 1.89 群次/100km，个体目击率为 15.88 头次/100km；夏季中华白海豚的群体目击率为 1.46 群次/100km，个体目击率为 14.63 头次/100km。两个季节下目击率差异不大，冬季的目击率略高于夏季。见表 2.6、表 2.7。

表 2.6　　　　　　　　　珠江河口中华白海豚调查各航次目击情况

调查航次时间/(年·月)	航行距离/km	目击群次	目击头次
2018.1	264.56	5	42
2018.8	273.50	4	40

表 2.7　　　　　　　　　珠江河口中华白海豚目击率与临近海域比较

调查区域	群目击率/(群次/100km)	个体目击率/(头次/100km)
珠江河口（包括东西部河口）	1.7	15.26
上川岛至海陵岛	3.1	25.5
珠江西部口门	3.2	21.3
伶仃洋（东部口门）	4.4	20.4

海豚年龄阶段的判别参照国外相关的研究，依据体型、体色及斑点大致划分为几个类型：体型较小、无斑点深黑灰色的 UC 期（unspotted calves）和灰色的 UJ 期（unspotted juveniles）、较多斑点灰黑色的 M 期（mottled）、斑点灰白色的 S 期（spotted）、较少斑点白色的 SA 期（spotted adults）和无斑点白色或粉红色的 UA 期（unspotted adults）。其中 UC 和 UJ 期为 1 岁以下的幼豚，其余类别对应的年龄阶段互有重叠，SA 和 UA 期为成年海豚。本次调查对应相应年龄的体型特征将观测到的海豚分为幼豚和成年海豚两组，M 期列为幼豚，S 期列成年海豚。

本次观测海豚年龄组成情况见表 2.8。幼豚总计 47 头次，占总目击个体的 57.32%。采用相同的统计方法与邻近海域已有研究进行对比可知，珠江河口探测的幼豚比例高于西部口门（44.90%）和东部口门（47.60%），但低于上川岛至海陵岛（59.00%），见表 2.9。冬季成年海豚的占比仅为 28.57%，而夏季成年海豚的占比高达 57.50%，季节下差异较为明显，与夏季处于成年海豚发情期，活动程度较高有关。

表 2.8　　　　　　　　　珠江河口中华白海豚年龄组成情况

海豚分布点	幼豚头数	成年海豚头数	总头数	备　　注
冬 1	12	8	20	成年海豚体色有白色和粉红色
冬 2	2	0	2	
冬 3	2	0	2	
冬 4	4	0	4	
冬 5	8	4	12	成年海豚体色为粉红
冬 6	2	0	2	
夏 1	6	4	10	
夏 2	3	7	10	
夏 3	3	5	8	
夏 4	5	7	12	
总计	47	35	82	

表 2.9　　　　　　　　珠江河口中华白海豚年龄组成与临近海域比较

调查区域	幼豚占比/%	成年海豚占比/%
珠江河口（包括东西部河口）	57.32	42.68
上川岛至海陵岛	59.00	41.00
珠江西部口门	44.90	55.10
伶仃洋（东部口门）	47.60	52.40

2.1.5　结论

通过声学探测、生物采样、水质采样和航行目击等方法，对珠江河口八大口门鱼类生态特性及水质特点、河口重要鱼类中华白海豚分布现状展开了首次调查研究，得到以下主要结论：

（1）珠江河口八大口门，冬季鱼类在纳潮型口门虎门、蕉门和崖门中较为丰富，夏季鱼类则在径流型口门横门、磨刀门和虎跳门中更为丰富。八大口门中，鱼类密度除虎门和蕉门外，其余六口门均表现为夏季高于冬季，而鸡啼门两个季度的鱼类密度值均为最低。水体扰动程度也是影响鱼类栖息水域选择的关键因素。

（2）冬季鱼类较为丰富的口门主要栖息于深水层（15～21m），夏季鱼类绝大部分栖息于中上层（6～9m），而虎门鱼类常年栖息于深水层。随着季节的变化，横门、蕉门和崖门的鱼类有垂向迁徙的行为特点。

（3）珠江河口八大口门以小型鱼类为主，大体长鱼类较少，各口门水域大体长（大于26.48cm）鱼类回波冬季大于夏季。综合鱼类密度丰度，初步认为蕉门是八大口门中成鱼最为丰富的口门。

（4）本次调查共收集到17种鱼类，共计510尾，隶属4目8科17属，其中以鲤形目鲤科鱼类居多，主要优势种为鲻鱼。通过对比分析认为珠江河口总体鱼类生物多样性较低，各口门中洪奇门、蕉门和磨刀门的物种丰富度相对较高。

（5）八大口门鱼类生态类型以淡水鱼类为主，主要分布在径流型口门，四大家鱼集中在磨刀门走航上游段。蕉门水道分布有较多具有洄游性习性的鱼类，推测其为八大口门中洄游鱼类的重要洄游通道；虎跳门应警惕外来物种入侵问题。

（6）珠江河口中华白海豚目击率低于历年临近海域研究，物种有所衰减，但每个季节航次均有海豚的观测记录，且相差不大，说明珠江河口仍然是中华白海豚的主要栖息地。

（7）中华白海豚未出现在口门以内河段，离岸距离 5km 以内，水深在 6～15m 的水域是其主要栖息地。其中，位于伶仃洋的国家级自然保护区仍然是中华白海豚的重点栖息水域，荷包岛和高栏岛附近海域和黄茅海海域也是该物种潜在重点栖息水域。

（8）珠江河口幼豚的占比高于珠江西部口门和伶仃洋（东部口门），体现了近年来白海豚年龄结构上更加年轻化的特点，具有较好的保护潜力，建议在河口制定科学保护策略保障其栖息生境。

2.2　西江河段鱼类资源调查

观测调查区域为东塔产卵场典型江段，上游分别延伸至浔江和郁江 1km，下游至石咀镇塘铺码头断面，河段长约 12km，每次探测以石咀镇为起点，航程约 20km。定点监测根据前期鱼类资源区域密度分布初步拟选位于三江汇流口（23°24.025′N，110°5.851′E）与东塔建筑物下游（23°26.142′N，110°7.607′E），定点时波束发射方向斜向下，船只抛锚固定。

2.2.1　西江河段鱼类资源调查结果

1. 鱼类资源密度与空间分布（第一次调度）

5 月 8—15 日探测期间，总体看来东塔产卵场典型江段鱼类资源空间分布差异性明显，鱼类主要聚集在三江回流口以及江心洲附近，东塔下游江段的鱼类聚集程度较低，只有在河道弯段处的鱼类密度较大，整体呈现了以江心洲附近为集中区域，其他区域零散分布的格局。从鱼类密度看，随着流量的增加，鱼类的聚集程度并无规律性变化，5 月 11 日江心洲靠下游区域采样单元密度为此次探测最大值 0.16298 尾/m³，5 月 10 日在郁江口的鱼类聚集程度最高，但总体数量仍偏低，其他调度期的鱼类密度较低均范围在 0.02～0.08 尾/m³。

2. 鱼类资源密度与空间分布（第二次调度）

6 月 5—12 日探测期间，鱼类聚集程度显著高于首次调度，每日最高采样单元密度分别为 0.60744 尾/m³、0.58532 尾/m³、0.43682 尾/m³、0.56181 尾/m³、0.43223 尾/m³、0.39336 尾/m³、0.11519 尾/m³ 和 0.57631 尾/m³，均处于一个较高的鱼类聚居状态。空间分布上与 5 月份相似，鱼类主要分布在江心洲附近，而此次探测可看出每天最高的密度分布区域均位于三江汇流口，显然该处为本次调度期间鱼类的主要活动区域。应注意，当流量处于调度过程的峰值时，鱼类分布呈现均匀化趋势，如 6 月 8 日和 6 月 9 日江心洲下游至河段拐弯段均分布有较多鱼类。而当洪水退去，东塔产卵场的鱼类空间分布又恢复了以汇流口为集中区的格局，可以看出随着流量的增大，区域内流速也随之增大，更多的河段区域能够达到鱼类产卵期间的适宜水文条件，吸引了部分鱼类前往，造成了分布趋于均匀化趋势，当洪水退去，只有三江口段保持有较大流速，重新调整了鱼类的分布，流速分布对于产卵鱼类的作用是十分巨大的。

2.2.2 西江河段鱼类资源讨论

1. 总的鱼类早期资源量

2017年调度期间，以实际监测的卵苗数来计，柳江断面的鱼类早期资源量最大，其次为三江口（柳江口以上）、郁江，再次为武宣、封开、黔江，而梧州、桂平石咀、来宾、桂江均较小。郁江、梧州、封开断面监测到的鱼类早期资源几乎全部为鱼苗，仅有少量的鱼卵，桂平石咀、黔江大部分为鱼苗；而三江口、桂江几乎全部为鱼卵，柳州、来宾、武宣大部分为鱼卵。各监测断面的卵苗量时间分布存在明显差异。

2017年调度期间西江干流鱼类早期资源量与2016年同期相比存在明显不同，干流封开大幅度减少，支流柳江显著增多。监测资料显示，2017年调度期间（5月7日—6月30日）西江干流鱼类早期资源量（封开断面）为2016年同期（144.7亿颗或尾）的8.8%；支流柳江的鱼类早期资源量为18.98亿颗或尾，为2016年同期（2.72亿颗或尾）的6.98倍。

2. 调度河段成鱼资源评估

渔获物调查发现，普遍存在数量少、质量低、低龄化的现象和趋势，所采集到鱼类多为常见的低价值、小型的土著鱼类和幼鱼。渔获物中，以中小个体鱼类为主，缺少大型个体，尤其是四大家鱼，除桂平黔江口—石嘴江段采集到较大个体外，其余大多未达到性成熟，且低龄化现象严重。

外来物种入侵现象较为严重。调查发现，西江干支流的罗非鱼（尼罗罗非鱼和莫桑比克罗非鱼）、清道夫（学名：下口鲇）等外来物种增多，尤其是罗非鱼，种群规模已明显占优。另外，从食性来看，杂食性鱼类比例有所上升，而植食性和肉食性鱼类比例有所下降，特别是肉食性鱼类比例下降明显。

2.2.3 结论

鉴定分析表明，来宾断面采集的鱼卵以银鮈占据优势地位，鱼苗以鰕虎鱼占优；桂平（黔江口）鱼苗飘 sp. 占优；梧州常见或重要鱼苗中，寡鳞飘占优；三江口（红水河）鱼苗多已达稚鱼期，已鉴定种类中尼罗罗非鱼占优；桂平（石嘴）卵苗种类主要为银鲴、银鮈、鰕鲵、飘鱼类、鳘、赤眼鳟、鲌亚科、壮体沙鳅、七丝鲚及四大家鱼等；武宣鱼苗鉴定出的种类中赤眼鳟占优；柳江鱼卵银鮈占优；郁江鱼苗鲷 sp. 占优；桂江鱼卵银鮈约占绝大部分，鱼苗鳜鱼占比较高。

各监测断面采集到的鱼类早期资源中，总体上目标鱼类四大家鱼数量很少，占比一般也较小，部分断面甚至未监测到四大家鱼。具体而言，四大家鱼在来宾断面鱼卵占2.15%、鱼苗占9.52%，柳江断面鱼卵占1.34%、鱼苗占1.31%，郁江断面未检出家鱼卵、鱼苗占9.36%，桂平黔江口断面未检出家鱼卵、鱼苗占0.536%，梧州断面未检出家鱼卵、苗，桂江江断面未检出家鱼卵、鱼苗占9.52%。三江口（红水河）断面采集到四大家鱼的鱼卵，数量比例达4%，但未采集到四大家鱼鱼苗；柳江断面采集的鱼卵中也培育出四大家鱼鱼苗，但主要是鲢；武宣断面的四大家鱼鱼苗数量比例达2.5%；封开断面四大家鱼鱼苗数量比例达1.2%。

2.3　东江河段鱼类资源调查

东江是珠江水系三大河流之一，发源于江西省寻乌县桠髻钵，上游称寻乌水，南流入广东境内，至龙川合河坝定南水汇入后，称东江，干流自发源地至东江口全长 562km，流域面积 35340km²，占珠江流域面积的 5.96%。鱼类资源调查时间为 2020 年 8 月 24 日—9 月 24 日，调查范围为为剑潭至木京枢纽江段，共设 20 个调查采样点，调查点具体位置信息见表 2.10。

表 2.10　　　　　　　　　　　　网捕采样点具体位置

序号	采样点	经度/(°)	纬度/(°)	采样点范围
1	博罗大桥下	114.275236	23.157190	剑潭枢纽下游
2	横坑村附近	114.301157	23.158354	
3	泗湄洲	114.318538	23.156105	
4	惠博花园酒店附近	114.391451	23.121456	剑潭枢纽—下矶角枢纽
5	文星公园附近	114.398875	23.109931	
6	桥东市场附近	114.416771	23.091082	
7	独洲附近	114.457755	23.132467	
8	水口邮局附近	114.504747	23.138032	
9	渔民村下游	114.594848	23.156677	
10	天罡村附近	114.592080	23.206325	下矶角枢纽—沥口枢纽
11	大岭村附近	114.539230	23.296265	
12	横岭村附近	114.550281	23.400244	
13	观澜大桥下	114.602294	23.400028	
14	河唇附近	114.666367	23.455845	沥口枢纽—风光枢纽
15	古竹镇附近	114.698210	23.519696	
16	潭头村附近	114.682503	26.622232	
17	东源大桥附近	114.744601	23.777137	风光枢纽—木京枢纽
18	大王宫附近	114.756961	23.782341	
19	东江画廊附近	114.757218	23.794534	木京枢纽上游
20	德新附近	114.774814	23.812517	

2.3.1　东江河段鱼类资源调查结果

此次调查共捕获鱼类 692 尾，隶属于 6 目 10 科 27 属 33 种，其中鲤科鱼类种类最多，共 20 种，占总种数的 60.61%。渔获物数量最多的种类是广东鲂，共捕获 75 尾，占本次调查渔获物的 10.84%，是此次调查的优势物种，其次是鲮鱼，共捕获 65 尾，占渔获物总量的 9.39%，具体渔获物数量与重量见表 2.11。

表 2.11 东江鱼类渔获物数量与种类的统计

种类	尾数	尾数百分比	体长范围/cm	体重范围/kg	体重/kg	重量百分比
七丝鲚	62	8.96%	14~24	0.01~0.43	2.36	0.94%
鳗鲡	5	0.72%	39~70	0.07~0.77	1.39	0.56%
马口鱼	13	1.88%	10.4~14.4	0.02~0.06	0.09	0.04%
宽鳍鱲	4	0.58%	9~12.5	0.02~0.04	0.2	0.08%
草鱼	47	6.79%	16~51	5.1~11	11.16	4.47%
赤眼鳟	8	1.16%	9.6~37.5	0.01~0.8	1.66	0.66%
鳊鱼	11	1.59%	3~5.3	0.003~0.004	0.033	0.01%
海南华鳊	3	0.43%	15~16.1	0.03~0.04	0.12	0.05%
南方拟鳘	3	0.43%	7.9~15	0.01~0.41	0.44	0.18%
鳘	33	4.77%	9.5~16	0.01~0.05	0.5	0.20%
翘嘴鲌	7	1.01%	8~11	0.01~0.02	0.12	0.05%
斯氏鲂	6	0.87%	25.4~36.3	0.32~1.02	3.07	1.23%
团头鲂	1	0.14%	21.50	0.17	0.17	0.07%
广东鲂	75	10.84%	3~36.3	0.003~1.4	14.56	5.83%
鲮鱼	65	9.39%	8~19	0.01~0.21	2.71	1.08%
麦瑞加拉鲮	31	4.48%	8.8~25.2	0.02~0.31	3.04	1.22%
露斯塔野鲮	18	2.60%	13~34	4.1~9.6	6.09	2.44%
鲤鱼	49	7.08%	9.4~35.9	0.08~1.09	29.46	11.79%
鲫鱼	16	2.31%	16~35	0.16~0.98	7.14	2.86%
鳙鱼	26	3.76%	34.5~47.9	0.82~1.78	20.39	8.16%
鲢鱼	62	8.96%	36~60	0.92~3.4	105.18	42.09%
泥鳅	10	1.45%	7.5~11	0.02~0.05	0.36	0.14%
鲇	4	0.58%	26~38.5	0.11~1.25	2.01	0.80%
胡子鲇	8	1.16%	27.6~53	2~2.28	4.28	1.71%
下口鲇	38	5.49%	18~27.8	0.2~0.54	15.63	6.25%
黄颡鱼	37	5.35%	10~24	0.02~1.02	7.84	3.14%
瓦氏黄颡鱼	8	1.16%	17.4~23.5	0.08~0.2	1.08	0.43%
斑鳠	4	0.58%	37~43	0.54~0.75	1.29	0.52%
子陵吻鰕虎鱼	2	0.29%	3~3.8	0.003~0.005	0.01	0.00%
斑鳢	4	0.58%	16.6~39.5	0.06~1.01	1.96	0.78%
齐氏罗非鱼	4	0.58%	5~9.7	0.01~0.04	0.08	0.03%
尼罗罗非鱼	20	2.89%	6.9~19	0.01~0.26	3.8	1.52%
莫桑比克罗非鱼	8	1.16%	14.7~22.6	0.11~0.26	1.69	0.68%
合计	692				249.913	

2.3.2　东江河段鱼类资源讨论

不同江段鱼类种类以及采样数量见表 2.12，在剑潭枢纽下游段，本次调查共捕获鱼类 12 种，分别为广东鲂、鲢鱼、赤眼鳟、露斯塔野鲮、下口鲇、鲤鱼、鳙鱼、胡子鲇、鲮鱼、黄颡鱼、尼罗罗非鱼和莫桑比克罗非鱼。相比与其他江段渔获物情况，在剑潭枢纽下游江段捕获较多的种类是赤眼鳟 5 尾、广东鲂 72 尾、鲮鱼 22 尾、露斯塔野鲮 18 尾、胡子鲇 8 尾、下口鲇 10 尾，其中露斯塔野鲮是仅在剑潭枢纽下游捕获的鱼类。

在剑潭枢纽至下矶角枢纽段，本次调查共捕获鱼类 16 种，分别为斑鳠、鲮鱼、鲫鱼、赤眼鳟、鲤鱼、鳙鱼、草鱼、团头鲂、七丝鲚、鲢鱼、下口鲇、斑鳢、鳗鲡、尼罗罗非鱼、莫桑比克罗非鱼、泥鳅。相比与其他江段渔获物情况，在剑潭枢纽至下矶角枢纽段捕获较多的种类是七丝鲚 42 尾、鳗鲡 5 尾、草鱼 16 尾、团头鲂 7 尾、鲢鱼 38 尾、泥鳅 10 尾、斑鳠 4 尾、斑鳢 3 尾，其中鳗鲡、团头鲂、泥鳅、斑鳠是仅在剑潭枢纽至下矶角枢纽段捕获的鱼类。

在下矶角枢纽至沥口枢纽段，本次调查共捕获鱼类 15 种，分别为鲮鱼、鲤鱼、草鱼、赤眼鳟、鲇鱼、广东鲂、海南华鳊、七丝鲚、尼罗罗非鱼、莫桑比克罗非鱼、瓦氏黄颡鱼、下口鲇、鳙鱼。相比与其他江段渔获物情况，在下矶角枢纽至沥口枢纽段捕获较多的种类是海南华鳊 8 尾、鲤鱼 17 尾、鳙鱼 8 尾、瓦氏黄颡鱼 4 尾、莫桑比克罗非鱼 5 尾，其中海南华鳊是仅在下矶角枢纽至沥口枢纽段捕获的鱼类。

在沥口枢纽至风光枢纽段，本次调查共捕获鱼类 16 种，分别为鳊鱼、下口鲇、宽鳍鱲、草鱼、南方拟鳘、子陵吻鰕虎鱼、鲤鱼、鲇鱼、马口鱼、黄颡鱼、赤眼鳟、尼罗罗非鱼、齐氏罗非鱼、鲮鱼、麦瑞加拉鲮和斑鳢。相比与其他江段渔获物情况，在沥口枢纽至风光枢纽段捕获较多的种类是马口鱼 13 尾、宽鳍鱲 4 尾、鳊鱼 11 尾、南方拟鳘 3 尾、麦瑞加拉鲮 31 尾、鲇鱼 3 尾、子陵吻鰕虎鱼 2 尾、齐氏罗非鱼 3 尾、尼罗罗非鱼 7 尾。其中，马口鱼、宽鳍鱲、鳊鱼、南方拟鳘、麦瑞加拉鲮和子陵吻鰕虎鱼是仅在沥口枢纽至风光枢纽段捕获的鱼类。

在风光枢纽至木京枢纽段，本次调查共捕获鱼类 9 种，分别为齐氏罗非鱼、翘嘴鲌、黄颡鱼、鳙鱼、胡子鲇、鲤鱼、下口鲇、鳘和尼罗罗非鱼。相比与其他江段渔获物情况，在风光枢纽至木京枢纽段捕获较多的种类是鳘 33 尾、翘嘴鲌 7 尾、黄颡鱼 20 尾。其中鳘和翘嘴鲌是仅在风光枢纽至木京枢纽段捕获的鱼类。

在木京枢纽上游段，本次调查共捕获鱼类 10 种，斯氏鲂、鳙鱼、草鱼、鲫鱼、鲢鱼、胡子鲇、瓦氏黄颡鱼、鲤鱼、下口鲇和尼罗罗非鱼。相比与其他江段渔获物情况，在木京枢纽上游段捕获较多的种类是斯氏鲂、鲫鱼和鲢鱼。其中斯氏鲂是仅在木京枢纽上游段捕获的鱼类。

对不同段采样鱼类进行对比后发现，在调查区域内共有种只有 3 种，分别是下口鲇、鲤鱼和尼罗罗非鱼，部分鱼类如露斯塔野鲮、鳗鲡、团头鲂等鱼类仅在特定枢纽江段存在，而鲢鱼、草鱼、鳙鱼、广东鲂等鱼类在各江段也是呈不连续的状态，与刘毅等 2009 年 9 月—2011 年 3 月对东江流域龙川县枫树坝以下至博罗县罗阳之间的河段进行鱼类资源调查得出的结果具有很大的差异，刘毅等调查发现各河段共有种有 39 种，鲢鱼、草鱼、鳙鱼、鳗鲡等鱼类都是各江段共有鱼类，说明鱼类受大坝阻隔影响明显，江段亟须修建过鱼设施。

表 2.12　　　　　　　　　　　　不同江段鱼类种类组成

种类	剑潭枢纽下游	剑潭枢纽至下矶角枢纽	下矶角枢纽至沥口枢纽	沥口枢纽至风光枢纽	风光枢纽至木京枢纽	木京枢纽上游
七丝鲚	0	42	20	0	0	0
鳗鲡	0	5	0	0	0	0
马口鱼	0	0	0	13	0	0
宽鳍鱲	0	0	0	4	0	0
草鱼	0	16	14	11	0	6
赤眼鳟	5	1	1	1	0	0
鳊鱼	0	0	0	11	0	0
海南华鳊	0	8	0	0	0	0
南方拟鳌	0	0	0	3	0	0
鳌	0	0	0	0	33	0
翘嘴鲌	0	0	0	0	7	0
斯氏鲂	0	0	0	0	0	6
团头鲂	0	7	0	0	0	0
广东鲂	72	0	3	0	0	0
鲮鱼	22	18	12	13	0	0
麦瑞加拉鲮	0	0	0	31	0	0
露斯塔野鲮	18	0	0	0	0	0
鲤鱼	11	5	17	3	6	7
鲫鱼	0	4	0	0	0	12
鳙鱼	4	6	8	0	4	4
鲢鱼	16	38	0	0	0	35
泥鳅	0	10	0	0	0	0
鲇鱼	0	0	1	3	0	0
胡子鲇	8	0	0	0	5	2
下口鲇	10	8	6	6	7	1
黄颡鱼	12	0	0	5	20	0
瓦氏黄颡鱼	0	0	4	0	0	4
斑鳠	0	4	0	0	0	0
子陵吻鰕虎鱼	0	0	0	2	0	0
斑鳢	0	3	0	1	0	0
齐氏罗非鱼	0	0	0	3	1	0
尼罗罗非鱼	4	3	1	7	2	3
莫桑比克罗非鱼	2	1	5	0	0	0

2.3.3　结论

对东江鱼类产卵场历史资料进行搜集查询，发现历史上东江干流龙川县附近和新丰江锡场区都曾是东江鱼类重要的产卵场，龙川是东江四大家鱼产卵场所在地，鱼类繁殖活动主要集中在 4 月底—6 月初，新丰江锡场区是鲴、鲢、鳙鱼的产卵场。在东江惠州段也存在鱼类产卵场，鱼类产卵场主要在罗阳剑潭—潭公庙江段及龙溪礼村—园洲江段约 25km 的水域中，在该水域中产卵的主要鱼有鲤鱼、鲫鱼、鲶鱼、鲮鱼、河虾。然而在新丰江电站建成投产后，鲴鱼、鳙鱼和鲢鱼的产卵场已被淹没，鱼类产卵场几乎绝迹。张豫等通过实地调查东江干流（惠州段）发现，东江干流（惠州段）四大家鱼传统产卵场由于水利工程的影响，产卵场规模已大大缩小，大部分产卵场已消失，而现有产卵场由于渔民不合理的捕捞，导致鱼类的产卵场被破坏。根据谭细畅等 2010 年对东江鱼类产卵场现状调查研究表明，东江鱼类产卵场功能已经严重退化，历史上东江四大家鱼鱼苗年捕捞量达 2.0×10^8 尾，而 2010 年东江河源段主要繁殖鱼苗，总径流量 11.4×10^6 尾，相比之下鱼类产卵量严重下降，而在河源段未采集到四大家鱼鱼苗，说明东江中上游四大家鱼产卵场基本已经消失[15]。

根据现场调查，结合走访东江流域渔民得到的资料，发现在此次调查区域基本不存在相对集中、规模化的鱼类产卵场，除了在各枢纽坝区河道内，在浅滩、水流流速较缓、水草丰富的地方可能存在部分适合产沉性、黏性卵鱼类的产卵场，在涨水季节可能会成为其产卵场外，在调查区域四大家鱼集中产卵场基本已经消失或者被破坏，满足不了鱼类产卵的需求。根据文献资料可知，四大家鱼产卵场一般位于河道弯曲多变、江面宽狭相间、河床地形复杂的区域，四大家鱼产卵繁殖期间适宜流量为 $11000 \sim 15000 \text{m}^3/\text{s}$，适宜流量上涨幅度为 $5000 \sim 13000 \text{m}^3/\text{s}$，适宜流量日涨率 $100 \sim 1000 \text{m}^3/\text{s}$，适宜涨水历时 $4 \sim 8\text{d}$，适宜水位上涨幅度为 $2.0 \sim 4.0\text{m}$，适宜水位日涨率 $0.30 \sim 0.55\text{m/d}$，适宜含沙量为 $0.01 \sim 0.21\text{kg/m}^3$，四大家鱼产卵繁殖期间适宜水温为 $22 \sim 24℃$。与历史上曾报道的产卵场位置和规模相比，目前东江鱼类产卵场已经基本消失，造成该现象的主要原因是由于东江水利枢纽的建造，使河道的水文、水温、流速等水文因子都发生了改变，以前适合四大家鱼产卵的地方水位升高、水流流速变缓，这对产漂流性卵的四大家鱼有很大的影响。造成东江鱼类产卵场发生变化的另一个主要原因是随着东江地区经济的发展，东江流域日益严重的采砂现象，采砂导致江底的底泥和草场被吸走、清除，河道水文条件被改变，鱼类产卵环境遭到极大的破坏。此外，部分位于城镇居民区周围的产卵场，由于人类生活污水直接排入江中，造成水质污染严重，导致在产卵期间无法满足四大家鱼产卵条件。

通过相关历史资料与最近对东江流域鱼类产卵场现场调查，可以看出东江鱼类产卵场在时间与空间上的分布都呈现下降趋势，特别是在东江流域枫树坝等枢纽建成后，在建坝前东江干流河段、新丰江锡场区都是重要的鱼类产卵场，建坝后东江鱼类产卵场被淹没，鱼类产卵场的数量急剧减少，如今东江河源至惠州段已经调查不到鱼类集中的产卵场，东江江段水文节律受梯级水坝影响程度大，偏离了鱼类产卵繁殖的生态需求[15]。此次调查结果得出的结论与珠江水产研究所、惠州市渔业水产局和河源市农业局得出的结论一致。

2.4 流溪河鱼类资源调查

流溪河位于广州市的西北部，从北到南纵贯从化县，再流过广州市郊的钟落潭、竹料、人和、江村等地，汇入花县的白坭河，经珠江三角洲河网注入南海，是由众多溪流汇集而成。其流经从化区的大部分河段均属于水源保护区。流溪河中上游区域建有国家级倒刺鲃水产种质资源保护区和从化市级唐鱼自然保护区，是广州市淡水鱼类物种多样性最为丰富的两个区域之一。

根据 2010 年调查结果，分布于流溪河流域的鱼类共计 5 目 17 科 78 种，其中鲤形目最多，共 53 种，占总数的 67.95%；其次为鲇形目与鲈形目，各 11 种，各占总数的 14.105%；鳉形目 2 科 2 种，占总数的 2.56%；合鳃鱼目 1 科 1 种，占总数的 1.28%。与整个广州市的淡水鱼类组成相比，各目的种类组成在比例上与广州市的基本相同。在鲤形目 53 种鱼类中，鲤科有 45 种，占总数的 84.91%；鳅科有 5 种，占总数的 9.43%；平鳍鳅科 3 种，占总数的 5.66%。各科的比例组成与广州市的基本相同。溪流河的鲤科鱼类包含广州市鲤科鱼类的全部 10 个亚科。其中以鲌亚科的 11 种为最多，占总数的 24.44%；其次为鮈亚科，有 7 种，占总数的 15.56%[16]。各亚科的比例组成与广州市的基本相同。值得注意的是，广州市鱼丹亚科的全部种类在溪流河均有分布。事实上，溪流河中上游流域是广州市鱼丹亚科鱼类的集中分布区。

2.4.1 流溪河鱼类资源调查结果

2013 年 8 月 31 日—9 月 1 日从人和坝至从化良口考察。沿河而上，岸边、桥面垂钓者多，江中捕鱼者少。人和、李家坝泄洪下游偶见渔船抛网捕鱼，说明该处鱼多，不少鱼利用泄洪开闸时奋勇上溯，希望过坝。泄洪闸有不少鱼上跃受阻，困在闸门的鱼死亡。未见船闸运行的迹象。

2013 年 8 月 31 日—9 月 1 日，项目组在流溪河上中下的江村、街口、良口设置三个点，在现场和市场分析捕捞鱼类。共见到的 27 种鱼中，有三种外来种。相比较 2010 年华南师范大学对流溪河本底调查的 78 种鱼类，说明近 50 种鱼类资源量较少，难于在常规捕捞中见到；上中下游种群差别巨大，明显受水坝的影响；鱼类小型化，难于满足流溪河生态的需要；中游明显存在过大的捕捞压力。现场调查数据说明，流溪河鱼类群落恢复，需要自下而上去解决鱼道问题。

表 2.13 流溪河上中下游鱼类现场调查情况

种类	体长/cm	体重/g	街口种类	体长/cm	体重/g	良口种类	体长/cm	体重/g
鲫鱼	19.5	202				鲫鱼	11.6	62
鲮鱼	24.5	416						
赤眼鳟	27.5	472						
草鱼	29	536						
黄尾鲴	21.6	149				黄尾鲴	14.1	42

续表

种类	体长/cm	体重/g	街口种类	体长/cm	体重/g	良口种类	体长/cm	体重/g
海南红鲌	23.1	155	海南红鲌	4.7	1.6			
纹唇鱼	13.7	78						
广东鲂	11.1	30						
鲮鱼	20.8	256				鲮鱼	17.2	99
赤眼鳟	20.2	154						
罗非鱼	13.5	99				罗非鱼	7.9	21
鲢	27.5	365						
鳌	16.4	52						
			银鮈	7.5	6			
			瓦氏黄颡鱼	4.5	2			
			棒花鱼	5.1	2.6			
			鰕虎鱼	5.3	2			
			麦鲮	4.7	2			
						宽鳍鱲	10.1	19
						马口鱼	11.7	27
						侧条光唇鱼	10.1	26
						鲇	13.1	18
						条纹刺鲃	4.6	2
						食蚊鱼	3.7	1
						鳎鲮	4	1.3
						小鰁	5.6	3.5
						胡子鲶	10.2	17

　　2013 年 9 月 3—6 日在流溪河江高、街口、良口三个江段进行鱼类资源调查，共采集鱼类 56 种，分属于 7 目，19 科，50 属，江高 38 种、街口 39 种、良口 43 种，三个江段共有的鱼类 29 种，江高（第一道水坝下游）独有的种类：日本鳗鲡、青鱼、赤眼鳟、广东鲂、鳊、黄尾鲴 6 种，这些种类中赤眼鳟、广东鲂、鳊、黄尾鲴具有较大种群数量。

2.4.2　流溪河鱼类资源讨论

　　从现有资料、调查数据显示，流溪河鱼类：①受水坝的影响，上中下游的鱼类结构处于不连续状态；②目前，流溪河鱼类仍处于高捕捞压力下，捕捞鱼类种类少、个体小，资源严重不足；③鱼类与水生态处于恶性循状态中。上游的产卵场所无鱼、缺鱼；下游水质过肥，鱼类资源无法补充，水体自净链断裂。解决流溪河的鱼类资源、水生态、水质问题，需要从过鱼通道、恢复鱼类产卵场功能入手。解决流溪河现有鱼类资源不足问题，需要考虑从邻近的其他水域"借鱼种"——流溪河由鱼类通道引出的鱼类资源、水生态、水质问题，需要"自下而"地解决。

从调查数据分析,流溪河需要依赖鱼道的鱼类有 50 种以上。流溪河保护的目标应主要是水生态——保护水生态需要一类群的鱼类来形成功能群,完成水体净化系统——在这个过程中,同时保护了渔业资源。根据鱼类调查的情况分析,鱼道流速控制在 1.0~1.3m/s 较适宜,这种流速可兼顾 10~60cm 的鱼类种类。

2.4.3 结论

流溪河江高、街口、良口三个江段采集到 56 种鱼类,分属 7 目、19 科、50 属,其中江高 38 种、街口 39 种、良口 43 种。解决流溪河的鱼类资源、水生态和水质问题,需要从恢复过鱼通道入手,从邻近的其他水域"借鱼种","自下而上"地解决。现场调研表明,流溪河鱼类仍处于高捕捞压力下,河道中鱼的种类少、个体小、资源严重不足,鱼类与水生态处于恶性循环状态中。

2.5 本章小结

本章对珠江流域鱼类资源进行了梳理,对各个江段鱼类分布情况、密度、栖息水层时空特点、生物多样性分析及调查手段等方面进行总结。通过渔获物调查认为,珠江流域内鱼类密度分布离散度均较大,鱼群内普遍存在成鱼数量少、体重低、多鱼苗的现象和趋势,以中小个体鱼类为主,缺少大型个体。在东江流域进行鱼类产卵场调查中发现,该河段调查区域基本不存在相对集中、规模化的鱼类产卵场。说明人类活动对珠江鱼类资源影响程度较大,亟须开展鱼类栖息地修复研究及补救措施。

第3章 鱼类行为学研究

3.1 珠江流域典型鱼类游泳能力测试

从主要过鱼对象中挑选出鳙鱼、赤眼鳟、草鱼、鲢鱼、青鱼为试验对象进行测试，实验对象如图 3.1 所示。进行现场封闭游泳能力测试水槽实验测试试验对象的感应流速、临界游速、持续游泳时间及突进游速等游泳能力指标。

(a)

(b)

(c)

(d)

(e)

图 3.1 测试的实验鱼

1. 感应流速

将暂养 48h 后的单尾实验鱼放置于游泳能力测试水槽中，静水下适应 1h 后每隔 5s 以微调方式逐步增大流速，记录实验鱼游泳状态由自由游动转变为逆流游动时的流速大小，得到实验鱼的感应流速，并在每条鱼实验结束后测量实验鱼体长、体重等形态学参数。

2. 临界游泳速度

临界游泳速度的测定采用"递增流速法"：待鱼暂养 48h 后，将单尾鱼转移至测试水槽中。实验前先对实验鱼体长进行估测，而后在 1.0BL/s（1 倍体长每秒）流速下适应 1h 以消除转移过程对鱼体的胁迫影响，适应后每 20min 提高一次流速，流速增量为 1.0BL/s。当鱼达到疲劳状态后，停止实验（鱼疲劳状态的判定：鱼停靠在下游网上时，轻拍下游壁面 20s，鱼仍不重新游动，视为疲劳）[17]。取出疲劳后的实验鱼并测量体重及常规形态学参数，测试样本量至少保证 10 尾。相对临界游泳速度（U_{crit}，BL/s）按以下公式计算：

$$U_{crit} = U_{max} + \frac{t}{\Delta t}\Delta U$$

式中：U_{max} 为鱼能够完成持续时间（Δt）的最大游泳速度；t 为在最高流速下的实际持续时间（$t < \Delta t$），Δt 为改变流速的时间间隔（20min），ΔU 为速度增量（1.0BL/s）。绝对临界游泳速度 U_{crit}（m/s）由相对临界游泳速度 U_{crit}（BL/s）与鱼体长（BL）相乘求得。

3. 突进游泳速度测试

突进游泳速度的测定亦采用"递增流速法"，与临界游速的测试方法基本一致，只是将流速提升时间间隔 Δt 改为 20s，流速增量仍为 1.0BL/s，鱼体疲劳时对应的流速即为突进游泳速度。突进游泳速度计算公式与临界游泳速度计算公式一致，当每尾鱼测试完成后，应取出疲劳后的实验鱼并测量体重及常规形态学参数。

4. 持续游泳时间测试

将单尾暂养后的实验鱼放入实验水槽中，在 1.0BL/s 的流速下适应 1h，消除转移过程对鱼体的胁迫影响，然后在 1min 以内调至设定流速后开始计时，观察鱼的游泳行为，当实验鱼疲劳无法继续游动时结束实验并记录游泳时间。以 200min 为时间阈值，在设定流速下持续游泳时间大于 200min 的速度均称为可持续游泳速度。每尾鱼测试完成后，应取出疲劳后的实验鱼并测量体重及常规形态学参数。

5. 实验结果处理

实验数据利用 Excel 2010 进行统计和绘图，采用 SPSS1 9.0 统计分析软件进行线性回归分析。实验水温及各游泳速度统计数值均以平均值±标准差（mean±S. D.）表示。

3.1.1 珠江流域典型鱼类游泳能力测试结果

1. 赤眼鳟

共测试了 55 尾赤眼鳟，体长范围为 13.2～25.4cm，体重范围为 0.07～0.29g，测试水温 23.2～25.5℃，测得其感应流速范围为 0.064～0.11m/s，平均值为 0.09m/s，赤眼鳟感应流速随体长增加呈递增的趋势，如图 3.2 所示；赤眼鳟相对感应流速为 0.44～0.58BL/s，平均值为 0.50BL/s，赤眼鳟相对感应流速随体长增加呈递减的趋势，如图

3.3 所示；测得其临界流速为 0.53～0.85m/s，平均值为 0.70m/s，赤眼鳟临界游泳速度随体长增加呈递增的趋势，如图 3.4 所示；赤眼鳟相对临界流速为 2.83～4.13BL/s，平均值为 3.60BL/s，其相对临界游泳速度随体长增加呈递减的趋势，如图 3.5 所示；测得其突进流速为 0.75～1.21m/s，平均值为 0.99m/s，突进游泳速度随体长增加呈递增的趋势，如图 3.6 所示；赤眼鳟相对突进流速为 3.59～4.83m/s，平均值为 4.93BL/s，其相对突进游泳速度随体长增加呈递减的趋势，如图 3.7 所示；在可持续游泳能力测试中，设定的流速分别为 0.52m/s、0.62m/s、0.72m/s、0.82m/s 及 0.92m/s，由实验结果可知，赤眼鳟持续游泳时间为 4s～200min，当设定流速调至 0.52m/s 时，50% 的赤眼鳟持续游泳时间大于 200min，赤眼鳟最大持续游泳速度 0.52m/s，如图 3.8 所示。

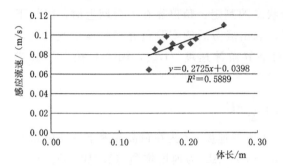

图 3.2　赤眼鳟感应流速与体长的关系

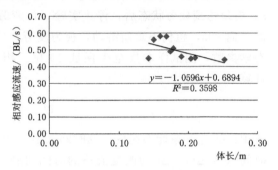

图 3.3　赤眼鳟相对感应流速与体长的关系

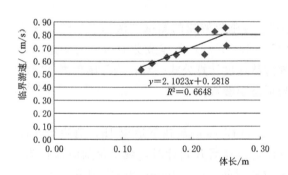

图 3.4　赤眼鳟临界游泳速度与体长的关系

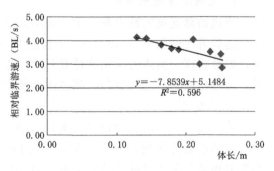

图 3.5　赤眼鳟相对临界游泳速度与体长的关系

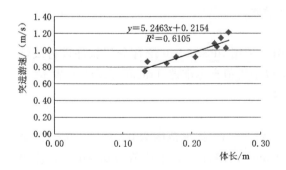

图 3.6　赤眼鳟突进游泳速度与体长的关系

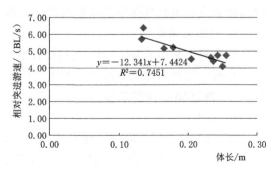

图 3.7　赤眼鳟相对突进游泳速度与体长的关系

2. 鳙鱼

本实验共测试 60 尾鳙鱼，体长范围为 20.0～36.5cm，体重范围为 0.15～0.65g，测试水温 23.6～26.1℃，测得其感应流速为 0.07～0.15m/s，平均值为 0.11m/s，鳙鱼感应流速随体长增加呈递增的趋势，如图 3.9 所示；鳙鱼相对感应流速为 0.28～0.55BL/s，平均值为 0.41BL/s，相对感应流速与体长无显著的关系，如图 3.10 所示；测得鳙鱼的临界流速为 0.67～

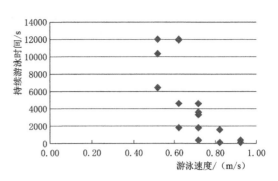

图 3.8　赤眼鳟游泳速度-持续游泳时间关系

0.96m/s，平均值为 0.85m/s，绝对临界游泳速度随体长增加呈递增的趋势，如图 3.11 所示；鳙鱼相对临界流速为 2.67～4.50BL/s，相对临界游泳速度随体长增加呈递减的趋势，如图 3.12 所示；测得鳙鱼其突进流速为 0.89～1.23m/s，绝对突进游泳速度随体长增加呈递增的趋势，如图 3.13 所示；鳙鱼相对突进流速为 4.44～6.33BL/s，平均值为 4.89BL/s，随体长增加呈递减，如图 3.14 所示；对鳙鱼进行可持续游泳能力测试，可知鳙鱼持续游泳时间为 5s～200min，当设定流速调至 0.45m/s 时，50% 的鳙鱼持续游泳时间大于 200min，鳙鱼最大持续游泳速度为 0.45m/s，如图 3.15 所示。

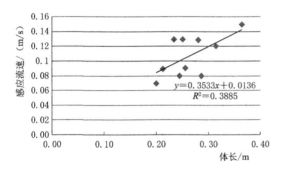

图 3.9　鳙鱼感应流速与体长的关系

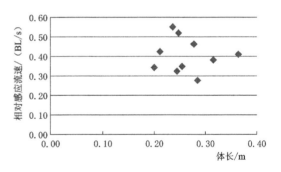

图 3.10　鳙鱼相对感应流速与体长的关系

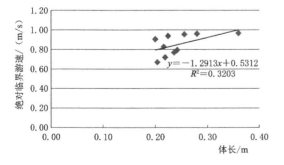

图 3.11　鳙鱼绝对临界游泳速度与体长的关系

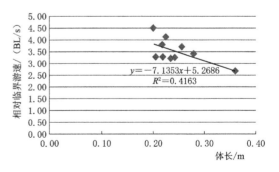

图 3.12　鳙鱼相对临界游泳速度与体长的关系

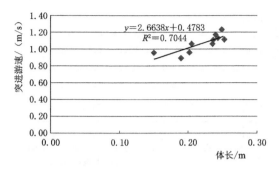

图 3.13   鳙鱼绝对突进游泳速度与体长的关系

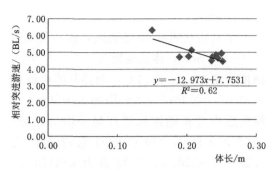

图 3.14   鳙鱼相对突进游泳速度与体长的关系

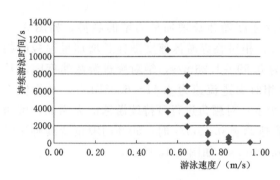

图 3.15   鳙鱼游泳速度-持续游泳时间关系

3. 草鱼

共测试了 45 尾草鱼，草鱼体长范围为 0.09～0.36m，测试水温 21.0～23.0℃，测得其感应流速范围为 0.06～0.13m/s，平均值为 0.09m/s，草鱼感应流速随体长的增加呈递增的趋势，如图 3.16 所示；草鱼相对感应流速为 0.40～0.86BL/s，平均值为 0.64BL/s，其相对感应流速随体长的增加呈递减的趋势，如图 3.17 所示；测得草鱼临界游速范围为 0.80～1.20m/s，平均值为 0.95m/s，临界游泳速度随体长增加呈递增的趋势，如图 3.18 所示；草鱼相对临界游速为 3.31～8.51BL/s，平均值为 4.73BL/s，其相对临界游泳速度随体长的增加呈递减的趋势，如图 3.19 所示；测得其突进游速范围为 0.86～1.35m/s，平均值为 1.10m/s，突进游速随体长的增加，呈递增的趋势，如图 3.20 所示；草鱼相对突进游速为 4.35～8.56BL/s，平均值为 5.93BL/s，其相对突进游速随体长的增加呈递减的趋势，如图 3.21 所示；可持续游泳能力测试采用的水流流速为 0.8m/s、1.0m/s、1.2m/s，测得草鱼持续时间为 4.18～60min，如图 3.22 所示。

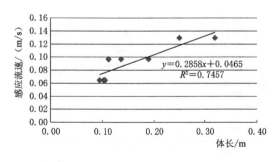

图 3.16   草鱼感应流速与体长关系

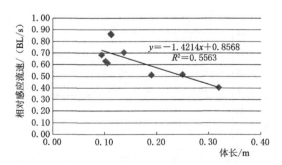

图 3.17   草鱼相对感应流速与体长关系

4. 鲢鱼

本实验共测试了 20 尾鲢鱼，实验鱼体长范围为 0.07～0.32m，测试水温 21.3～22℃，

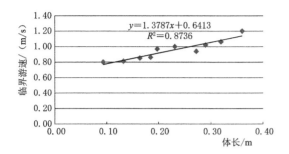

图 3.18　草鱼临界游泳速度与体长关系

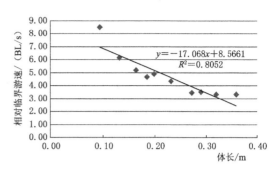

图 3.19　草鱼相对临界游泳速度与体长关系

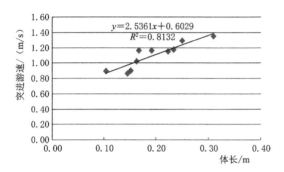

图 3.20　草鱼突进游泳速度与体长关系

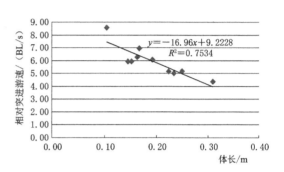

图 3.21　草鱼相对突进游泳速度与体长关系

测得其感应流速范围为 $0.06\sim0.2\text{m/s}$，平均值为 0.12m/s，鲢鱼感应流速随着体长的增加呈递增的趋势，如图 3.23 所示；鲢鱼相对感应流速为 $0.39\sim0.86\text{BL/s}$，平均值为 0.57BL/s，其相对感应流速随着体长的增加呈递减的趋势，如图 3.24 所示；测得鲢鱼临界游速范围为 $0.52\sim1.29\text{m/s}$，平均值为 0.99m/s，鲢鱼临界游泳速度随着体长的增加呈递增的趋势，如图 3.25 所示；鲢鱼相对临界游速为 $3.32\sim7.4\text{BL/s}$，

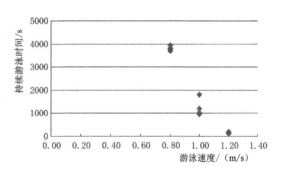

图 3.22　草鱼游泳速度-持续游泳时间关系

平均值为 4.92BL/s，其相对临界游泳速度随体长的增加呈递减的趋势，如图 3.26 所示；测得鲢鱼突进游速范围为 $0.79\sim1.30\text{m/s}$，平均值为 1.02m/s，鲢鱼突进游泳速度随着体长的增加，呈递增的趋势，如图 3.27 所示；鲢鱼相对突进游速为 $3.82\sim7.36\text{BL/s}$，平均值为 5.05BL/s，其相对突进游泳速度与体长的关系不显著，如图 3.28 所示。鲢鱼可持续游泳能力测试采用的水流流速为 0.8m/s、1.0m/s、1.2m/s，测得持续时间 $49\text{s}\sim60\text{min}$，如图 3.29 所示。

5. 青鱼

本实验共测试了 10 尾青鱼，实验鱼体长范围为 $0.12\sim0.41\text{m}$，测试水温 $18.1\sim21.0℃$，测得其感应流速范围为 $0.06\sim0.13\text{m/s}$，平均值为 0.08m/s，其感应流速随着体

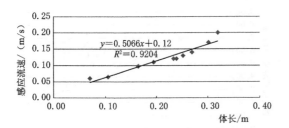

图 3.23　鲢鱼感应流速与体长的关系

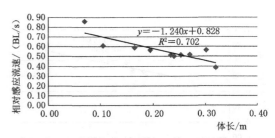

图 3.24　鲢鱼相对感应流速与体长的关系

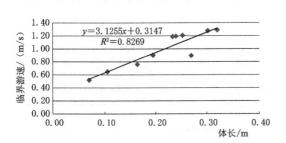

图 3.25　鲢鱼临界游泳速度与体长的关系

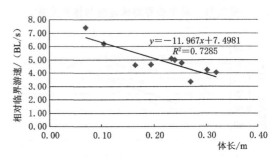

图 3.26　鲢鱼相对临界游泳速度与体长关系

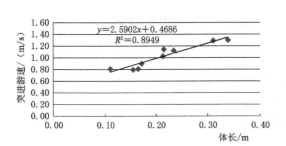

图 3.27　鲢鱼突进游泳速度与体长关系

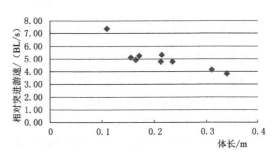

图 3.28　鲢鱼相对突进游泳速度与体长关系

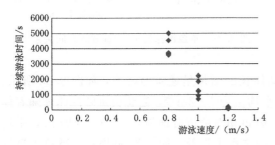

图 3.29　鲢鱼游泳速度-持续游泳时间关系

长的增加呈递增的趋势, 如图 3.30 所示; 青鱼相对感应流速为 0.32~0.50BL/s, 平均值为 0.39BL/s, 其相对感应流速随体长的增加呈递减的趋势, 如图 3.31 所示; 测得青鱼临界游速范围为 0.85~1.04m/s, 平均值为 0.97m/s, 青鱼临界游泳速度随着体长的增加, 呈递增的趋势, 如图 3.32 所示; 青鱼相对临界游速为 2.45~7.08BL/s, 平均值为 4.90BL/s, 其相对临界游泳速度随体长的增加呈递减的趋势, 如图 3.33 所示; 测得青鱼突进游速范围为 1.03~1.41m/s, 平均值为 1.25m/s, 青鱼突进游泳速度随着体长的增加呈递增的趋势, 如图 3.34 所示; 青鱼相对突进游速为 3.41~8.94BL/s, 平均值为 6.40BL/s, 其相对突进游泳速度随体长的增加而减小,如图 3.35 所示;青鱼可持续游泳能力测试采用的水流流速为 0.8m/s、1.0m/s、1.2m/s,持续时间为 251s～60min,如图 3.36 所示。

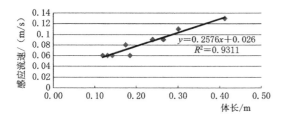

图 3.30 青鱼感应流速与体长关系

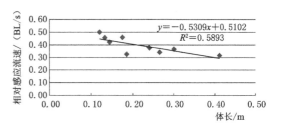

图 3.31 青鱼相对感应流速与体长关系

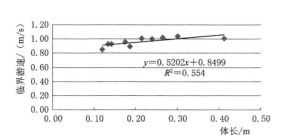

图 3.32 青鱼临界游泳速度与体长关系

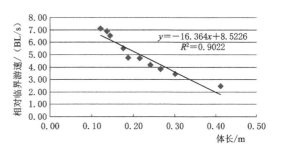

图 3.33 青鱼相对临界游泳速度与体长关系

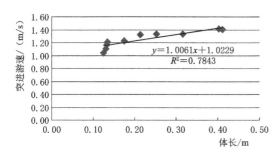

图 3.34 青鱼突进游泳速度与体长关系

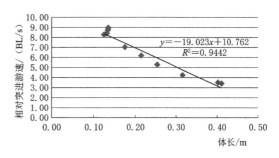

图 3.35 青鱼相对突进游泳速度与体长关系

3.1.2 珠江流域典型鱼类游泳能力分析

测试结果表明,赤眼鳟、鳊鱼、草鱼、鲢鱼、青鱼的感应流速均低于 0.20m/s,临界游泳能力分别为 0.70m/s(3.60BL/s)、0.85m/s(3.53BL/s)、0.95m/s(4.73BL/s)、0.99m/s(4.92BL/s)、0.97m/s(4.90BL/s);突进游泳能力分别为 0.99m/s(4.93BL/s)、1.07m/s(4.89BL/s)、1.10m/s(5.93BL/s)、1.02m/s(5.05BL/s)、1.25m/s(6.40BL/s),赤眼鳟鱼最大持续游泳能力为 0.52m/s,

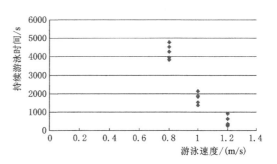

图 3.36 青鱼游泳速度-持续游泳时间关系

鳙鱼最大持续游泳速度为 0.45m/s。见表 3.1。

表 3.1 鱼类游泳能力测试结果

种类	感应流速/(m/s)	相对感应流速/(BL/s)	临界游泳速度/(m/s)	相对临界游泳速度/(BL/s)	突进游泳速度/(m/s)	相对突进游泳速度/(BL/s)	最大持续游泳速度/(m/s)
赤眼鳟	0.09	0.50	0.70	3.60	0.99	4.93	0.52
鳙鱼	0.11	0.41	0.85	3.53	1.07	4.89	0.45
草鱼	0.09	0.64	0.95	4.73	1.10	5.93	—
鲢鱼	0.12	0.57	0.99	4.92	1.02	5.05	—
青鱼	0.08	0.39	0.97	4.90	1.25	6.40	—

3.1.3 结论

在进行鱼道设计时，鱼道进口流速应大于鱼类的感应流速，鱼道进口通常采用一个较大的流速以吸引鱼类，一般最佳的诱鱼流速范围在临界游泳速度和突进游泳速度之间。根据鱼类游泳能力测试结果，建议鱼道进口流速设计为 0.70～1.25m/s，鱼道竖缝或鱼道孔口处的流速一般较大，鱼类在通过竖缝或孔口时，一般采用突进游泳速度，因此，竖缝流速主要参考鱼类的突进游泳速度。若鱼道竖缝或孔口处流速大于鱼类突进游泳速度，则会造成鱼类无法通过竖缝或者孔口，因此鱼道竖缝或者孔口处流速应小于鱼类突进游泳速度。根据本研究测试结果，建议鱼道竖缝或者孔口处的流速小于 1.00m/s；鱼道池室内的流速设计通常按鱼类的临界游泳速度设计，但流速最低值应大于过鱼对象的感应流速，以保证鱼类不会调转方向或游出池室。据此规则，建议鱼道的通道流速为 0.20～0.70m/s；为保证鱼类能顺利通过鱼道，在鱼道内应设置休息池，有利于鱼类在通过鱼道时快速恢复体力。如果休息池流速设计过低，则鱼类感应不到休息池内的水流流速，无法进入休息状态，见表 3.2。

表 3.2 鱼 道 流 速 设 计

位置	鱼道进口/(m/s)	鱼道竖缝或孔口/(m/s)	池室内/(m/s)	休息池/(m/s)	鱼道出口/(m/s)
流速范围	0.70～1.25	<1.00	0.20～0.70	0.20～0.52	0.30～0.50

3.2 珠江流域典型鱼类对不同光线环境的响应规律

本研究拟通过实验设计，基于空间"理想空间自由分布"法则，即适宜的生境将栖息更多的鱼类，探索鳗鱼幼鱼对光色的趋向性，为高效鳗鱼道设计提供技术支撑。

试验用鱼取材自珠江河口磨刀门段，共捕获 30 尾鳗鲡幼鱼，体长（13.20±2.08）cm，其中白色透明状玻璃鳗 20 尾，皮肤具有少量色素积累的线鳗（或向线鳗发展）10尾。供试鱼暂养在珠江水利科学研究院佛山里水实验基地中，暂养池为长 8m、宽 0.5m水槽，保持水体流动状态，水温保持在 26℃。隔天投喂轮虫，定时去除残饵；每隔 2d 换水一次，换水时封闭进水口，用水泵抽干水槽，然后注入新水，暂养水和实验用水均为曝气自来水。由于供试鱼材料难得，每次试验后将鱼放回暂养池，3d 后进行下一次试验。所有试验结束后，将鱼类放生至原捕捞河段，如图 3.37 所示。

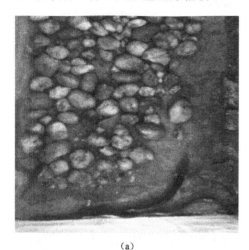 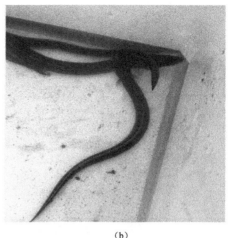

| (a) | (b) |

图 3.37　试验所用鳗鱼

3.2.1　鱼类对不同光线环境的响应试验结果

试验在直径为 4m，高 0.5m 的混凝土圆形水池中进行（如图 3.38 所示），将圆形水池均分为 6 个光色区域，中间保留一个直径为 1.51m 的圆形对照暗光区（DZ），暗光区与各光色区面积均为 1.80m²。光区（LZ）分别设置带色彩的功率 3W 的水下景观灯（各光区光照强度在 7～30lx），对照区域与各有色光区域之间相互连通，有色光区域间用隔板隔开。当蓄水空间注入水体，水体经流速孔进入试验区，后可经排水口排水保持池内水位恒定，外部使用舞台灯光支架设摄像头（海康：DS - 2CD3T36WD - I3）进行录像。

试验前将水注入水池并曝气 2d，水温 26℃，溶氧 7.8mg/L 左右。每次选取体质健康的幼鳗放入池中环形拦鱼网，所有灯光和流速孔闸阀处于关闭状态，静水适应 30 min 后将水位调整到 0.20 m，静水适用 30 min 后开始试验。共设置了 3 种工况来观察花鳗鲡幼鱼的趋光性（表 3.3）。在如图 3.38 所示的试验区域分别设置红光（RL）、黄光（YL）、蓝光（BL）、绿光（GL）、紫光（PL）和五彩光（CL）共 6 种光色，工况 1（W1）和工况 2（W2）在静水条件下进行，试验时抽出环形网并将所有水下景观灯打开，排水孔保持关闭。工况 3（W3）在流水条件下进行，试验时经电磁流量计调节后用水泵往各蓄水空间注入相同水量，开启流速孔闸阀保持各流速孔流速相同，随后开启排水口调整闸阀开度，以池中水位不变为准。工况 2 光色区和暗区均设置了卵石底质，工况 1 和工况 3 无卵石底质。试验期间用舞台灯光支架架设夜视高清录像机，根据画面状况调整高度及视角拍摄鳗鲡幼鱼活动情况，为达到较好的彩色效果在摄像机旁挂设白光小灯。各工况试验时间均为 19：00—2：00，每次在池中放入一尾鱼，1h 后将鱼捞出不再使用，并重新放入另一尾鱼进行试验，工况 1～工况 3 的试验重复次数均为 18 次，试验期间进行连续录像。

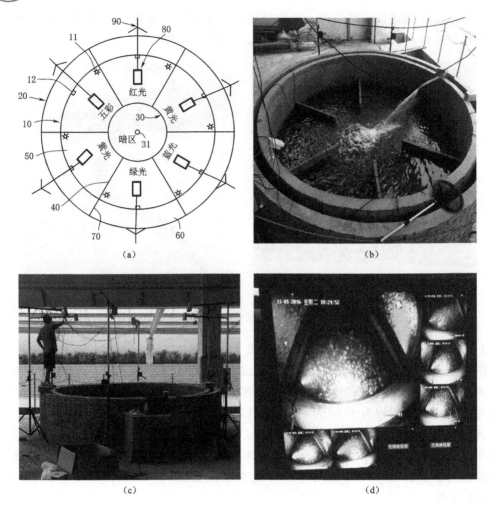

图 3.38　试验装置及效果图

表 3.3　　　　　　　　　　　　　　　试　验　工　况

工况	试验次数	底质	水体环境
1	18	—	静水
2	18	卵石（$D \approx 10\text{cm}$）	静水
3	18	—	动水

通过录像回放，分析鱼类试验期间的鱼类行为，提取鱼类首先进入光区和进入及游离各光区的次数参数；光敏感性和光色选择性：每组试验录像数据（1h），以 2min 为间隔统计一次鱼在池中的位置，记录所在区域，统计时若鱼存在跨区行为，以头部所在区域为准；光色适应特点：以 10min 为持续时间分界点，统计幼鳗在各区出现的几率。采用供试鱼在光区（红、黄、蓝、绿、五彩）和暗区的单位面积出现比例 P 作为幼鱼对光的敏感性指标，以各光区出现的次数百分比 F 作为光色趋向性指标，以时间序列 F 表示光适应特点。

$$F = \frac{n}{N} \times 100\%$$

式中：n 为某区鱼停留次数；N 统计时段内统计次数。

$$P = \frac{\sum F}{\sum A}$$

式中：P 为各区出现次数百分比；A 为各区面积。

采用 Excel 2010 和 SPSS 19.0 软件对数据进行统计分析。采用单因素（one - way ANOVA）和 LSD 法对 F 进行方差分析和多重比较（$\alpha = 0.05$），采用非参数和 Mann - Whitney U 法对 P 进行差异性分析。可知：3 组工况下 LZ 的单位面积出现次数比例均大于 DZ，W1 中 LZ 与 DZ 的分布比例分别为 $(8.7 \pm 0.3)\%/m^2$ 和 $(3.6 \pm 1.7)\%/m^2$，W2 中 LZ 单位面积分布比例分别为 $(8.4 \pm 0.2)\%/m^2$ 和 $(5.0 \pm 1.4)\%/m^2$，其中 DZ 分布比例为 3 种工况中的最大值，W3 中 LZ 与 DZ 的分布差异最大，分布比例分别为 $(9.0 \pm 0.2)\%/m^2$ 和 $(1.9 \pm 1.3)\%/m^2$，DZ 的分布比例为 3 种工况中的最小值。经统计分析表明，W1、W2、W3 的 LZ 和 DZ 单位面积出现次数比例差异具有统计学意义（$p < 0.05$），认为一定光照强度下，无论是在静水、流水或卵石底质环境下，幼鱼对光是较为敏感的，趋向于停留在有光照的区域。通过回看录像发现，各工况下在暗区出现的鱼类均为皮肤具有少量色素积累的线鳗（或向线鳗发展），而且在 W2 中这些鱼类在暗区停留时往往呈钻缝于卵石空隙的状态。

为探索花鳗鲡幼鱼对光色的趋向性，分析了 W1~W3 下鱼类在光色区的出现频率见图 3.39。W1 中出现频率最高的为 YL 区 $(29.4 \pm 4.9)\%$，随后是 RL 区 $(24.1 \pm 3.9)\%$ 和 PL 区 $(17.2 \pm 4.0)\%$，BL、GL 区和 DZ 的出现频率较低；W2 中在池底铺设了卵石，鱼类出现的频率最大的区域仍然为 YL 区 $(29.4\% \pm 3.3)\%$，此外 PL 区 $(25.2 \pm 3.7)\%$ 和 RL 区 $(18.2 \pm 2.9)\%$，也是鱼类出现较多的区域，DZ 的鱼类出现频率有所增加，BL 区和 GL 区仍然是出现频率最低区域。W3 是一种流水光选择试验，鱼类更倾向于在 RL 区停留，出现频率 $(33.3 \pm 2.3)\%$，随后为 PL 区的 $(25.6 \pm 3.8)\%$ 和 YL 区的 $(20.7 \pm 5.7)\%$，BL 区、GL 区、CL 区和 DZ 出现频率最低。经多重比较发现，W1 中 YL 区、RL 区、PL 区和 CL 区、BL 区、GL 区、DZ 鱼类分布频率具有显著差异性（$p < 0.05$），W2 中 YL 区、PL 区、RL 区与其他区域的鱼类出现频率也具有显著性差异（$p < 0.05$），除 CL 区外，DZ 与各 LZ 的鱼类出现频率差异均具有统计学差异。W3 中 RL 区、PL 区、YL 区与其他 LZ 的鱼类分布具有显著性差异（$p < 0.05$），BL 区、GL 区、CL 区和 DZ 间差异性不显著。初步认为，五种光对幼鱼都具有吸引力，但幼鱼对 RL、YL 和 PL 的趋性较强。

在暗区适应 30min 后，抽出环形拦鱼网，大部分鱼类会第一时间从暗区游向光区，少部分鱼类仍然停留在暗区，2min 后才试探性游向光区，而这些幼鳗往往具有色素积累的皮肤生物特征。统计发现，W1 下 18 尾幼鳗首先游向的光区中，RL 区最多，占到 8 尾，其次为 YL 区 5 尾和 PL 区 3 尾；W2 下幼鳗首先游向的光区排名为 RL 区（6 尾）、PL 区（5 尾）和 RL 区（3 尾）；W3 下较多鱼类率先游向 RL 区（7 尾），随后为 PL 区（5 尾）及 YL 区（4 尾）。总体上讲，鱼类首先进入的光区数据与最终鱼类在各光区出

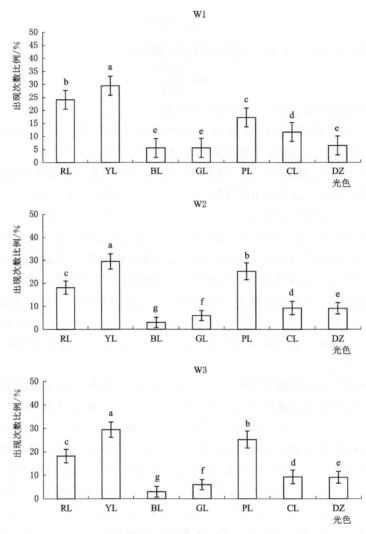

图 3.39　花鳗鲡幼鱼各区出现次数百分比
不同字母表示差异显著（$p<0.05$）

现频率的分布基本相符。

　　进入各光色区后，鱼类停留形态也有一定的差异，RL、YL、PL 区中，幼鳗往往停留在更靠近光源的位置（光照强度约 25lx），而其他光色区的则表现为远离光源，尤其在 W1 的 PL 区中出现了鱼类翻滚身体的嬉戏状态。进一步统计幼鳗进入和游离各光区的总次数发现，各工况下进出总次数最低的均为 BL 区和 GL 区，最多的为 CL 区，但工况 3 中 RL、YL、BL、GL、PL 区的总进出次数差别不大，见图 3.40、图 3.41。

3.2.2　鱼类对不同光线环境的响应分析

　　在各固定光色下，幼鱼停留的时间分布上也有显著差别（$p<0.05$），具有正趋向性的 RL 和 YL 条件下鱼类的时间分布特点具有一定的规律性，而其他光色的规律性不明显。图 3.42 中，3 种工况下 RL 区鱼类的出现次数随着时间的增长有减小的趋势，实验开

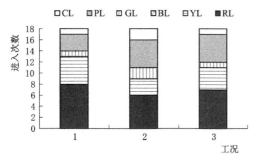

图 3.40 鱼类最先进入光区统计

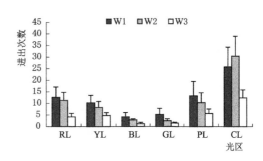

图 3.41 花鳗鲡幼鱼各光区进出次数

始后 20～30min 时间段内幼鳗频繁出现在 RL 区，30min 后维持到一个相对平稳的频次，而同样具有正趋向性的 PL 在时间分布上则较为均匀。YL 区中，W1 和 W2 幼鳗的出现次数先增大后减小的趋势较为明显，W3 中同样存在这样的趋势，但相对较弱，以上数据表明，花鳗鲡幼鱼对 RL 和 YL 可能存在视觉疲劳的适应特点。PL、BL、GL、CL 和 DZ 的出现次数时间分布上较为稳定，未出现某一时间段高出现率现象，作为正趋向性的 PL 其光色吸引力较为持久。

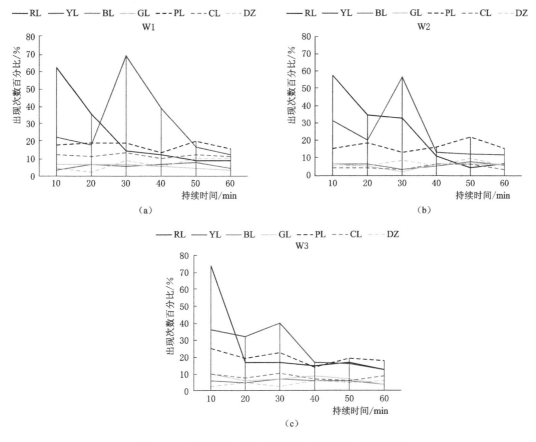

图 3.42 幼鳗在各区的出现次数百分比与时间关系

3.2.3　结论

（1）鳗鲡幼鱼对光的趋向性由其发育阶段决定，玻璃鳗对光色具有趋向性，尤喜爱红光、黄光和紫光。

（2）红光对鳗鲡幼鱼的吸引力会随着时间的增加而减小，黄光则表现为先增大后减小，红光和黄光下鱼类可能存在视觉疲劳，不利于长时间诱鱼。紫光中吸引力较为平稳，无明显时间聚集段，短时段内诱鱼效果较好。

（3）在鳗鱼道入口采用灯光诱鱼要视具体河段的目标鱼类发育阶段而定，若目标鱼类处于柳叶鳗或玻璃鳗阶段，使用灯光诱鱼是可行的；若目标鱼类已发展成为线鳗（或趋向线鳗），穴居性开始体现，灯光诱鱼效果可能不佳，此时借助水流诱鱼更为有效。

（4）针对玻璃鳗的灯光诱鱼方案，应优先使用紫光诱鱼。若鳗鱼道入口附近具备足够的吸引流条件，也可布设间歇性黄光或红光诱鱼方案，避免鱼类产生视觉疲劳，达到持久诱鱼效果。

3.3　本章小结

本章对珠江鱼类行为学进行了细致的调查，通过从各试验江段、河口采集野生鱼类进行游泳能力测试，分析了不同鱼类间感应流速、临界游泳速度、突进游泳速度、最大持续游泳速度等游泳能力指标的差异，为鱼道的设计工作提供更为有效的科学依据；还进行了珠江流域鳗鲡对不同光线环境的响应研究，表明鱼类存在对不同光的颜色具有趋向性，且由其发育阶段决定。

第4章 珠江流域鱼道研究与应用

鱼道被认为是最有效缓解水利工程建筑物对鱼类洄游影响的重要措施之一，传统的鱼道流速单一、诱鱼效果差、过鱼效率较低，或在修建鱼道时建设材料不够环保、或在保护鱼类洄游的同时改变了工程附近水域的水流结构，对周围生态环境造成破坏。19世纪70年代，德国人开始修建以天然卵石、漂石等为主要材料，坡度较缓，尽可能模拟天然河流的水流特征的近自然型鱼道。

生态鱼道有如下几个技术特点：①通过布置不同漂石错落组合，形成深浅各异、流速大小不一的水流流态；②适用于各类鱼类上溯或下行，过鱼效果佳；③适合作为亲流性鱼类良好的栖息地；④易于对现有鱼道进行改建。

目前，生态鱼道鱼类保护效果好、范围广，能满足所有水生动物生物学要求，近年来生态型鱼道在珠江流域的一些地方得到应用。

4.1 生态鱼道研究应用

南渡江引水工程首部取水枢纽东山闸坝生态鱼道长63m，生态鱼道靠河床右岸布置，左侧与溢流坝段连接。鱼道上游过鱼设计水位15.0m，下游设计水位12.5m。生态鱼道采用天然蛮石将鱼道沿程分隔形成一个个水池以消减鱼道上下游水头差。在右岸下游布置鱼道进鱼口，鱼道水流控制断面纵坡坡度1/30，采用梯形断面，底宽3m，边坡1：2，采用格宾网石笼护坡和护底，厚度0.5m，近自然型弯道段采用梯形断面，底宽6m，边坡1：2，采用格宾网石笼护坡和护底，厚度0.5m，鱼道出口段底高程14.0m，设消力墩消能。鱼道进出、口分别设一道闸门，在鱼道出口设拦污栅拦污。鱼道底部铺设一层200mm厚砂卵石层，鱼道及各部位布置如图4.1所示。

表4.1为SL 609—2013《水利水电工程鱼道设计导则》提供的几种鱼类感应流速、喜好流速和极限流速。本区域主要过鱼对象为大鳞鲢、光倒刺鲃、黄尾鲴、草鱼、赤眼鳟、鲢、鳙、鲮、三角鲂，鱼类繁殖洄游季节为4—8月。根据其游泳能力，鱼道水流控制段洄游通道流速值应该控制在0.8~1.5m/s。

研究首先在设计方案的基础上将底坡由1：30调整至1：40，降低控制段的断面流速，相应的各控制段长度由15m调整至20m。为保证进口区域所需的鱼类感应流速，并考虑东山水闸断面的生态流量需求（14.0m³/s），研究在设计方案基础上，适当增加鱼道分流量，已达到更好的诱鱼效果，为此试验将控制段底板宽度由3.0m调整至6.0m，保持两侧1：2坡比不变，相应设计水深1.0m下的过流面积由5.0m²调整至8.0m²。

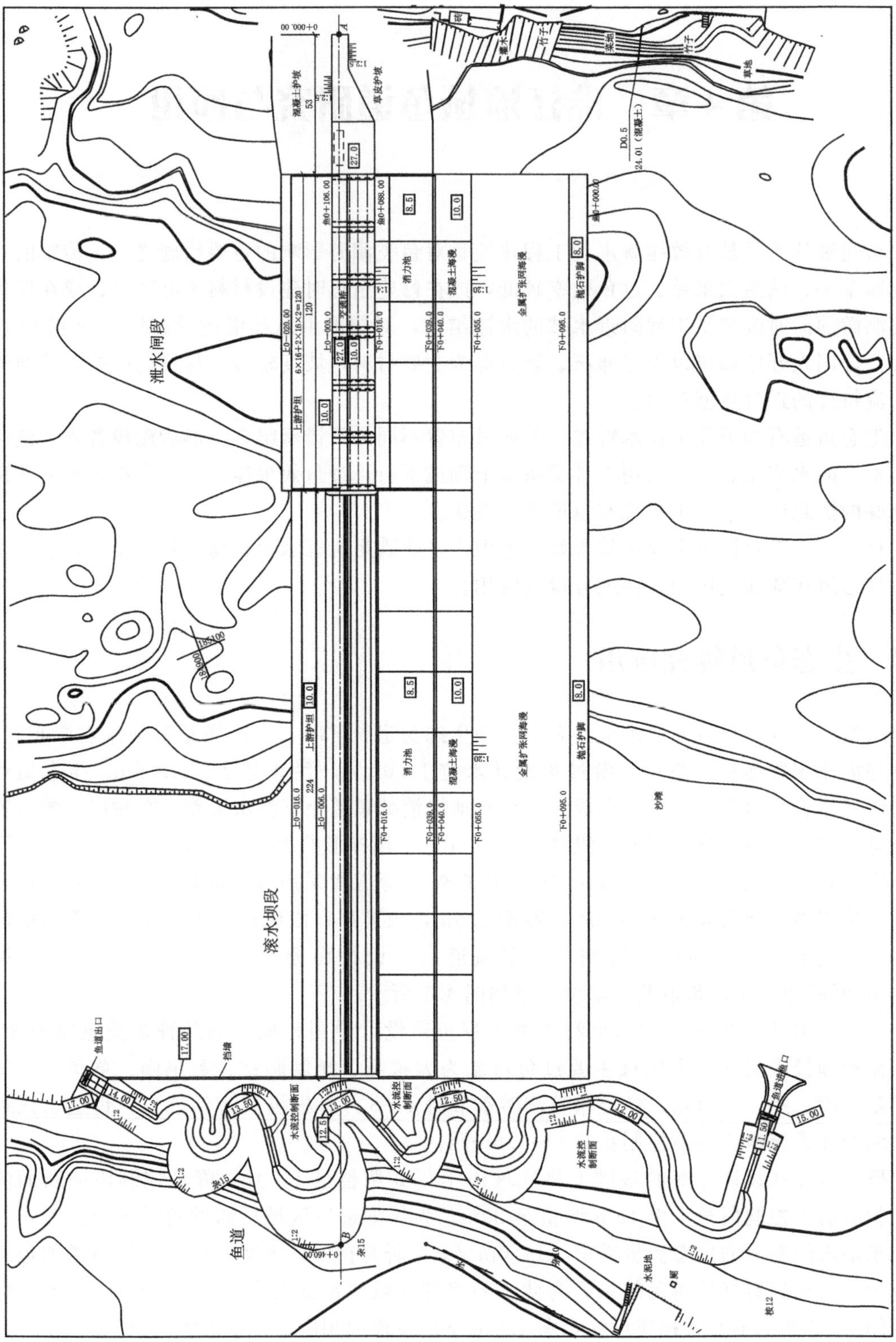

图 4.1　工程方案整体布置

表 4.1   几种鱼类感应流速、喜好流速和极限流速

生态类型	种类	体长 /m	感应流速 /(m/s)	喜好流速 /(m/s)	极限流速 /(m/s)
溯河洄游性鱼类	中华鲟	成鱼	—	1.00~1.20	1.50~2.50
	虹鳟	0.096~2.04	—	0.70	2.02~2.14
		0.245~0.387	—	0.70	2.29~2.65
	刀鲚	0.10~0.25	—	0.20~0.30	0.40~0.50
		0.25~0.33	—	0.30~0.50	0.60~0.70
降海洄游	幼鳗	0.05~0.10	—	0.18~0.25	0.45~0.50
半洄游性鱼类	鲢鱼	0.10~0.15	0.20	0.30~0.50	0.70
		0.23~0.25	0.20	0.30~0.60	0.90
		0.40~0.50	—	0.90~1.00	—
		0.30~0.40	—	—	1.20~1.90
		0.70~0.80	—	—	1.20~1.90
	草鱼	0.15~0.18	0.20	0.30~0.50	0.70
		0.18~0.20	0.20	0.30~0.60	0.80
		0.24~0.50	—	1.02~1.27	—
		0.30~0.40	—	—	1.20
	青鱼	0.26~0.30	—	0.60~0.94	—
		0.40~0.58	—	1.25~1.31	—
		0.50~0.60	—	—	1.30
		0.64	—	1.06	—
	鳙鱼	0.40~0.50	—	0.80	—
		0.80~0.90	—	—	1.20~1.90
	鲫鱼	0.37~0.41	—	1.16	—
		0.40~0.59	—	1.11	—
	鲂鱼	0.10~0.17	0.20	0.30~0.50	0.60
	鲌鱼	0.20~0.25	0.20	0.30~0.70	0.90

控制段主断面间距控制按 3.6m，通过蛮石摆放将鱼道分成高、中、低流速通道，满足不同鱼种对洄游流速的需求。在上述方案优化的基础上，通过试验确定鱼道控制段内的漂石布置方式、空隙宽度、高中低流速过鱼通道布置形式以及有效阻水面积等鱼道设计参数。

4.1.1 生态鱼道研究结果

1. 优化方案一——水流控制段蛮石摆放形式

首先在设计方案的基础上将底坡由 1:30 调整至 1:40，降低控制段的断面流速，相应的各控制段长度由 15m 调整至 20m。

为保证进口区域所需的鱼类感应流速，并考虑东山水闸断面的生态流量需求

（14.0m³/s），研究在设计方案基础上，适当增加鱼道分流量，已达到更好的诱鱼效果，为此试验将控制段底板宽度由3.0m调整至6.0m，保持两侧1：2坡比不变，相应设计水深1.0m下的过流面积由5.0m²调整至8.0m²。控制段主断面间距控制按3.6m，通过蛮石摆放将鱼道分成高、中、低流速通道，满足不同鱼种对洄游流速的需求。

在上述方案优化的基础上，通过试验确定鱼道控制段内的漂石布置方式、空隙宽度、高中低流速过鱼通道布置形式以及有效阻水面积等鱼道设计参数，初步优化方案鱼道控制段结构型式见图4.2、图4.3。

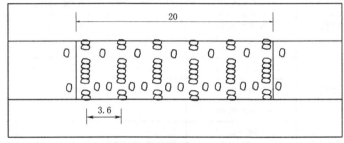

图4.2 鱼道水流控制段平面结构型式——优化方案一（单位：m）

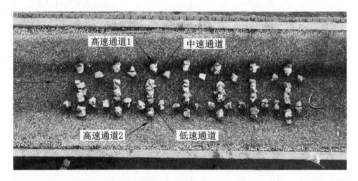

图4.3 鱼道单体模型布置——优化方案一

2. 优化方案二——将近自然型弯道段平底坡调整为连续底坡

从断面能量消散、高中低流速通道布置（低流速通道流速为0.8～1.0m/s、中流速通道流速为1.0～1.2m/s、高流速通道流速为1.2～1.5m/s）、休息池设置等方面考虑，经不同主断面间距试验对比，最终将主断面间距调整至7.0m。

主断面蛮石按3区4通道设置，蛮石分别设置在横向断面的两个坡脚及中央位置，主断面蛮石阻水宽度分别为1.6m、3.3m和1.6m，相应的低速通道孔间距为0.5m的近似矩形断面，中速通道孔间距为0.8m的近似矩形断面，高速通道为顶宽1.5m的三角形断面；低速通道主断面上下游1.0～1.3m位置各设置辅助蛮石，蛮石宽度为0.7m（为通道宽度的1.4倍）；中速通道主断面上游1.0～1.3m位置设置辅助蛮石，蛮石宽度为0.96m（为通道宽度的1.2倍）；主断面蛮石及辅助蛮石高度在0.95～1.05m。鱼道连续底坡的结构型式见图4.4、图4.5。

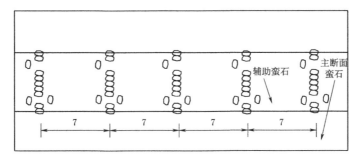

图 4.4　鱼道水流控制段平面结构型式——优化方案二（单位：m）

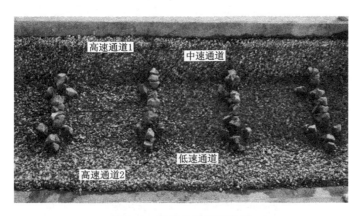

图 4.5　鱼道单体模型布置

3. 生态鱼道整体模型试验

在鱼道设计方案平面布置及鱼道单体模型优化方案一的研究成果基础上，将鱼道非连续底坡调整为 1∶100 的连续底坡，坡底宽度为 6.0m，两岸岸坡坡比为 1∶2，过鱼控制段长 250m，流速值受泄流量减小略有降低，其中鱼道进口处表层流速值在 0.35～0.66m/s，大于规范所需的 0.2m/s 鱼类感应流速要求；鱼道出口流速值在 0.26～0.35m/s，小于规范要求的 0.5m/s 流速要求。鱼道进出口水流条件满足鱼类洄游要求。

全程设 35 个主控制断面，鱼道整体布置见图 4.6，模型布置见图 4.7。经测试，按照单体模型给定的水流控制段蛮石摆放形式及有效阻水面积，在上游库区保持正常蓄水位 15.0m、鱼道下泄 4.0m³/s 流量时，基本能够达到所需要的过鱼水流条件。

4.1.2　生态鱼道研究分析

图 4.8、图 4.9 分别给出了两种方案下鱼道水流控制段的水流流态与流速分布情况，由图可见，优化方案一蛮石布置能够形成高、中、低流速通道，且各通道的宽度均在 0.8m 以上、高度均在 0.95m 以上，满足过鱼宽度要求。

优化方案二主辅断面蛮石的布置能够形成高、中、低流速通道，流速范围在 0.8～1.5m/s，满足鱼道过鱼对象的洄游流速要求；各通道的宽度大于 0.5m、高度大于0.95m，满足过鱼宽度要求。

由生态鱼道整体模型试验可知，鱼道沿程低速通道流速在 0.71～0.85m/s，中速通道

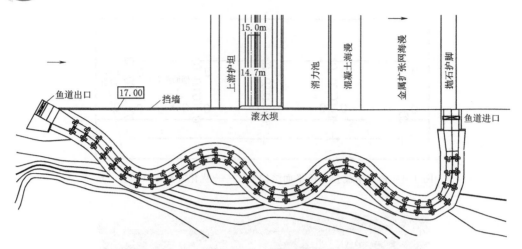

图 4.6　鱼道优化方案二整体布置图（单位：m）

图 4.7　鱼道整体模型照片——优化方案二

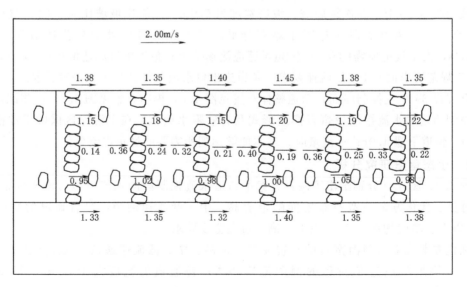

图 4.8　鱼道水流控制段流速分布——优化方案一

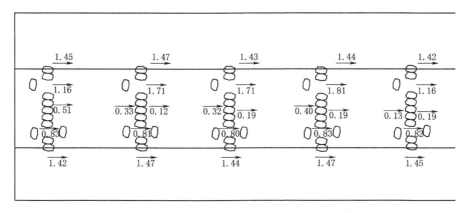

图 4.9 鱼道水流控制段流速分布——优化方案二

流速在 $1.09\sim1.21m/s$，高速通道流速在 $1.40\sim1.57m/s$，能够形成不同的流速通道，各断面通道内流速基本保持一次，断面布置满足断面间的能量消散要求；主断面之间能够形成低流速区（流速在 $0.3m/s$），满足作为鱼类休息区的要求，如图 4.10 所示。

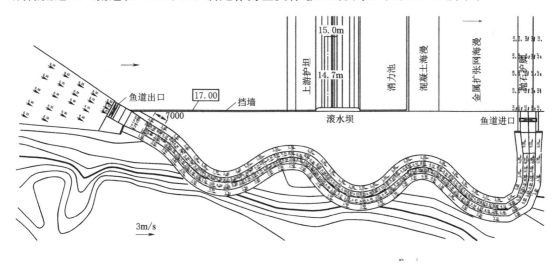

图 4.10 鱼道进出口及沿程流速分布（单位：m/s）

4.1.3 结论

研究采用物理模型试验和二位数学模型计算等手段，对鱼道设计方案的总体布置及结构形式进行水力学验证与优化，为设计提供技术支撑，研究主要结论如下：

方案优化一（非连续底坡方案）主断面蛮石有效阻水比为 55%；方案优化二（连续底坡方案）主断面蛮石有效阻水比为 66%，鱼道内均能够形成流速在 $0.8\sim1.5m/s$ 的高中低流速通道。

对鱼道整体布置进行验证与优化，进出口流态平顺，鱼道进口处表层流速值在 $0.35\sim0.66m/s$，大于规范所需的 $0.2m/s$ 鱼类感应流速要求；鱼道出口流速值在 $0.26\sim0.35m/s$，小于规范要求的 $0.5m/s$ 流速要求，鱼道进出口水流条件满足鱼类洄游要求且能够形成覆盖 0.8~1.5m/s 的高中低流速通道，各阶断面流速分布均匀，断面结构布置满足断面间的能量消散要求，主断面之间能够形成满足鱼类休息区的低流速区。

4.2　竖缝式鱼道研究应用

2019 年 9 月 17 日，生态环境部环境工程评估中心在北京市主持召开了《海南省南渡江迈湾水利枢纽工程环境影响报告书》技术评估会，提出了补建松涛水库生态流量泄放设施、补建下游九龙滩水电站和谷石滩水电站过鱼设施，可在一定程度上减缓流域水资源水能开发产生的环境问题。

1. 九龙滩鱼道工程

工程位于南渡江干流河段起点九龙滩梯级电站（图 4.11），采用竖缝式鱼道过鱼方案，形成自下而上的鱼类洄游通道，九龙滩鱼类的过鱼对象应与谷石滩电站鱼道过鱼对象一致，主要过鱼对象为花鳗鲡、日本鳗鲡、七丝鲚等洄游鱼类以及鲢鱼、鳙鱼、草鱼和鲌亚科、鮈亚科等的一些半洄游习性鱼类；其他珍稀特有鱼类〔小银鮈、海南长臀鮠（亚种）、锯齿海南、海南异鱲（亚种）、台细鳊、青鳉、大鳞鲢、无斑蛇鮈、高体鳜等〕和经济鱼类（海南红鲌、蒙古红鲌、鳙鱼、鲤鱼、草鱼、光倒刺鲃等）可作为兼顾过鱼种类。

图 4.11　九龙滩电站航拍图

2. 谷石滩鱼道工程

工程位于南渡江流域中段末尾，于九龙滩电站之前。因梯级电站的开发势必对生态环境造成一定的影响，需在已建谷石滩拦河坝工程应补建过鱼设施，金江以下干流河段划为鱼类栖息地保护区，建设迈湾、东山鱼类增殖放流站，加强南渡江流域河岸植被恢复和重建。

由于涉及主要过鱼对象较多，行为习性差别较大，如鳗鲡类幼鱼游泳能力弱，但具有在湿润表面爬行的能力，而四大家鱼的游泳能力相对较强，鱼道的水流条件需同时满足多种鱼类的克流上溯需求。为进一步细化九龙滩鱼道设计方案，从水力学角度评价九龙滩电站鱼道方案的可行性和合理性。

3. 长塘鱼道工程

长塘水库工程位于广西壮族自治区桂林市境内，鱼道及运鱼轨道布置在河道左岸。因电站常年下泄水流，预测尾水渠会有一定规模的鱼类聚集，短鱼道进口设置在尾水渠左岸下游。为进一步研究不同水位组合条件下鱼道的整体水力学特性，验证鱼道进口布置、池室和竖缝结构、集鱼池体形设计的合理性，观测水流流态和流速分布，根据试验中获得的水力参数，分析诱鱼道进口流场和流速梯度、鱼道内水流流态及水力特性等，对鱼道进口布置、底坡坡度、池室尺寸及集鱼系统布置及体型设计优化进行指导。

4.2.1 竖缝式鱼道研究结果

1. 基于二维数学模型的鱼道进出口流场分析

采用数值模拟及水工物理模型试验方法对九龙滩鱼道设计方案进行水力特性分析，鱼道进出口流场主要取决于其与电站厂房的位置关系，涉及的范围相对较广，属于宏观流场分析范畴，因此通过建立垂向平均的平面二维计算模型对鱼道进出口附近流场特性进行分析，见图 4.12。

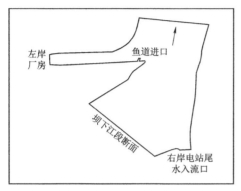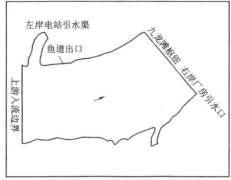

图 4.12　鱼道进出口二维模型（以九龙滩模型为例）

鱼道进口模型中，按照鱼道设计运行水位计算。鱼道进口模型中，按照鱼道设计运行水位计算，即库区为正常蓄水位 41.542m，若左岸电站和右岸电站满负荷运行，得到厂房运作时进出口流速与流场分布数据，见图 4.13、图 4.14。

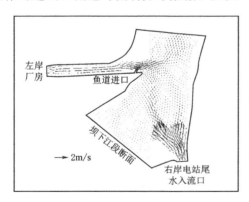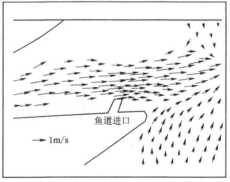

图 4.13　左岸 2 台机组运行时鱼道进口流场图（以九龙滩模型为例）

2. 基于三维数学模型的典型区段内部水流分析

鱼道内部水流三维特性明显，拟采用三维数学模型和基于重力相似准则的物理模型方法进行分析。旨在对该鱼道的运行水力特性进行全面分析，为设计部门确定最终布置方案提供可靠的技术支撑和数据参考。

鱼道内部由于隔板阻水作用，水动力条件复杂，三维特性明显，一般的二维数值模拟无法满足要求，本研究通过建立三维数学模型对内部流场进行求解。但由于整体鱼道较长，且弯曲不规则，整体求解要求较高、时长较长，故将选取鱼道的典型区段进行分析计

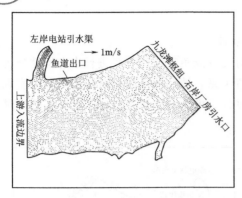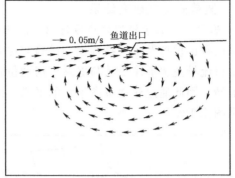

图 4.14　左岸 2 台机组运行时鱼道出口流场图（以九龙滩模型为例）

算，并忽略底部碎石。见图 4.15。

图 4.15　竖缝式鱼道休息池及邻近过鱼池模型构建与流速分布

3. 基于局部水工模型的鱼道直段水流分析

断面模型是为了验证隔板型式方案下流速流态的适宜性，流量不起控制作用，因此本模型试验工况为模型上下游水深均为设计水深，局部水工模型布置及试验图，见图 4.16、图 4.17。

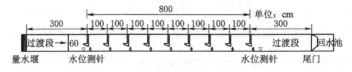

图 4.16　局部水工模型布置图

4.2.2　竖缝式鱼道研究分析

1. 鱼道进出口流场结论分析

通过上述竖缝式鱼道研究手段与结果分析可知，厂房尾水有利于吸引下游鱼类上溯。若左右岸均布置厂房，其中一岸厂房尾水流速较大，鱼类会进一步进入该岸厂房尾水渠。根据 SL 609—2013《水利水电工程鱼道设计导则》：鱼道进口不宜布置在有较强旋涡、回

图 4.17　局部水工模型试验图

流等区域及死水区；鱼道进口流速应大于鱼类感应流速，鱼类的感应流速多大于 0.2m/s。综上所述，竖缝式鱼道进口流速建议达到鱼类感应流速要求，附近无回流，水流条件较好为适宜诱鱼条件。

若左岸电站 2 台机组同时运行时，尾水渠流速显著增加，主流达 1.2～1.3m/s，鱼道进水口处流速达 0.7～0.8m/s，但该流速主要为发电尾水侧流，鱼道下泄水体形成的流速仅 0.1～0.2m/s。右岸电站尾水流速变化不大，由于左岸电站尾水流速加大，左右电站尾水交汇后水流增至 0.7m/s，交汇点与鱼道口的距离增大，右岸电站尾水对鱼道进口附近流场无影响。总体讲，左右岸厂房尾水交汇后有利于吸引下游鱼类上溯，但左岸电站尾水渠流速显著增大，对鱼类上溯会形成一定的流速阻碍，此时鱼类偏向于主流两侧上溯，但由于鱼道下泄水体流速远小于侧流流水，鱼类不易发现鱼道进口；若竖缝式鱼道出口位于坝前深水区，计算区域内除左岸电站发电引水渠水体和右岸电站引水口附近水体具有一定流速，约 0.3～1m/s，其他水域包括鱼道出口的流速均小于 0.1m/s，基本处于静水状态，满足 SL 609—2013《水利水电工程鱼道设计导则》中出口流速不宜大于 0.5m/s 的要求，有利于鱼类继续上溯，总体认为鱼道出口的水流条件较好。

2. 典型区段内部水流结果分析

竖缝式鱼道中若设计弯段休息池，则在该池中主流以一定角度斜向入射到休息池外侧墙体，随后主流沿左侧墙体流速沿程递减[18]。主流右侧及入射口左侧局部水域形成两个与主流区面积比基本接近的低速回流区，说明休息池具备鱼类休息空间。另一方面，休息池的紊动能相对较大处位于主流与休息池左侧墙体交接处及休息池中部回流与主流水面交界局部水域（见图 4.18），一般认为紊动能低于 $0.035m^2/s^2$ 不会对鱼类造成影响。

如图 4.19、图 4.20 所示，下游过鱼池中主流较为明确且偏向竖缝一侧，在竖缝处流速达到最大，主流沿程衰减程度偏小，且主流左侧形成较大低速回流区，紊动能除局部小范围水域均较小。从主流流速及流态初步分析认为，水体在该区段属于典型过渡段，消能不充分，但由于水流较为平顺，紊动能处于较为合理范围。

4.2.3　结论

总体认为，竖缝式鱼道进口主要依靠电站尾水作为经常性下泄水流诱鱼，但鱼道下泄流速远小于侧流流水，鱼类不易发现鱼道进口。而鱼道出口位于坝前深水区，基本处于静水状态，有利于鱼类继续上溯；鱼道典型区段（直段）结构设计合理，直段过鱼池中主流明确，呈 S 形沿程下泄。主流两侧形成低流速回流区，回流区面积约占休息池 2/3，休息条件优越；直段过鱼池及休息池紊动能均小于 $0.05m^2/s^2$，对鱼类不会造成显著影响；隔板水头分布均匀，无明显能量累积现象。

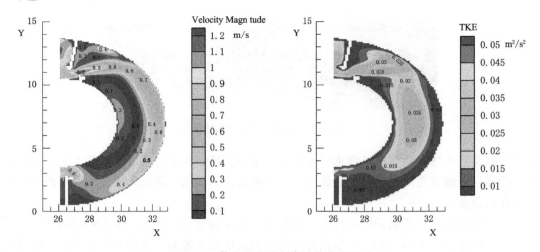

图 4.18 休息池流速与紊动能分布云图

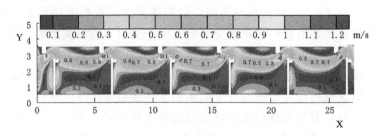

图 4.19 下游过鱼池流速分布

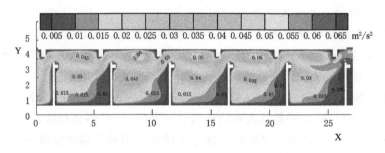

图 4.20 下游过鱼池紊动强度分布

4.3 丹尼尔式鱼道研究应用

根据大坳坝实际情况在预留船闸孔位置设计了丹尼尔鱼道方案,见图 4.21、图 4.22。丹尼尔鱼道有成熟的设计方法,适用于坡度大于 1:10、水头低于 5m 的情况。大坳坝与消力池连接的斜坡坡度为 1:7.4,水头 4.2m,在丹尼尔鱼道的适用范围之内。

施工完成后大坳坝鱼道总长 51m,其中上游水平底板段 16m,1:7.4 的斜坡段 41m。共设置 4 个休息池,将鱼槽错位分隔成 5 段,第一个休息池设置在水平底板段末端,斜坡

图 4.21　预留的船闸孔位置

图 4.22　滚水堰封堵的船闸孔

段每隔 7.4m 设置一个休息池，最下游休息池距消力池 9.8m。其中，鱼槽宽 0.9m，隔板有效过水宽度 0.52m，隔板间距 0.6m，设计水深 1m，设计流量 0.58m³/s。休息池纵向长 3m、横向宽 5m。

斜坡段鱼道高 1.2m，上游水平底板段由 1.2m 逐渐变高至 1.5m 与滚水堰相接。滚水堰上开口宽 0.9m、高 1.0m，并设置闸门。鱼道边墙采用砖砌后砂浆批荡，隔板采用木板预制。

4.3.1　丹尼尔式鱼道研究结果

采用有机玻璃或砖墙制作，上下游过渡段采用砖砌并砂浆批荡建立了大坳坝丹尼尔鱼道物理模型开展鱼道水力特性研究，丹尼尔鱼道模型模拟了鱼道 1/3 的长度范围，包括一个休息池、休息池上下游鱼道段及上游平坡段共 20m 的范围。试验照片见图 4.23 和图 4.24。

图 4.23　丹尼尔鱼道模型平面流态

图 4.24　丹尼尔鱼道模型剖面流态

水流过鱼道时，在隔板的作用下紊动强烈，在设计流量和水深条件下，表面流速较大，达 1.7～1.9m/s，底部流速较小，为 0.6～1.0m/s，流速 1.3m/s 以下的水深约占有效水深的 2/3，符合一般丹尼尔鱼道的水流特性和流场分布，鱼类从靠近隔板底部上溯。隔板内流速分布见图 4.25。

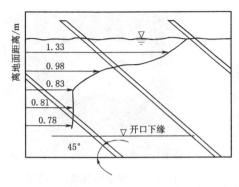

图 4.25　试验测得的丹尼尔鱼道竖向流速分布

休息池内水流发生偏折和回流，流速较小，普遍低于 0.6m/s，仅下游靠墙边表面流速达到 1.0m/s，休息池内水流条件可满足鱼类休息和隐蔽。

4.3.2　丹尼尔式鱼道研究分析

丹尼尔鱼道模型试验结果显示：水流通过鱼道下泄时，在隔板的作用下表层水流产生强烈紊动，消能效果较好。在设计流量和水深条件下，表面流速较大，达 1.7～1.9m/s，底部流速较小，为 0.6～1.0m/s，流速 1.3m/s 以下的水深约占有效水深的 2/3，符合一般丹尼尔鱼道的水流特性和流场分布，鱼类从靠近隔板底部上溯。休息池内水流发生偏折和回流，流速较小，普遍低于 0.6m/s，仅下游靠墙边表面流速达到 1.0m/s，休息池内水流条件可满足鱼类休息和隐蔽。因此，丹尼尔鱼道的设计方案满足水厂坝鱼道水力条件要求。

4.3.3　结论

对于地处沿海三角洲这些水头较低的拦河闸坝，则可以采用坡度较陡的丹尼尔鱼道，且丹尼尔鱼道在国内还没有研究和建设案例，其研究价值更大，是水厂坝实验性性鱼道选择丹尼尔鱼道型式的主要考虑。

4.4　升鱼机鱼道进口研究应用

迈湾水利枢纽工程是海南省南渡江干流中下游河段的一座控制水利枢纽工程，过鱼设施采用升鱼机。过鱼设施包括集鱼系统、运鱼系统、放鱼系统及集控系统。由于远离电站尾水，主要依靠补水系统进行诱鱼。通过补水系统向集鱼槽和补水渠分别补水，利用补水渠出口的较大流速吸引鱼类聚集在集鱼槽进口，由于消能拦鱼网的阻碍作用，将鱼引导至集鱼槽中，视集鱼情况，推动活动栅向固定栅方向移动，将鱼类集中在集鱼斗处后垂直向上提升集鱼斗，使用运鱼车讲鱼类运至鱼类投放点进行放养[19]。

过鱼对象根据迈湾库区、谷石滩库区江段鱼类资源以及其生物学、生态学特点确定。目前，选定主要的过鱼对象为花鳗鲡、日本鳗鲡、七丝鲚、鲢、鳙、草鱼以及鲃亚科和鲌亚科鱼类，其他珍稀特有鱼类和经济鱼类作为兼顾过鱼种类。

4.4.1　升鱼机鱼道进口研究结果

1. 升鱼机集鱼槽进口补水优化模型

为制定补水优方案，分析升鱼机布设前典型水位流速情况，如图 4.26 所示设置典型断面，特征断面的流速及水位是指各工况下位于断面的主流最大值．总体趋势上，各工况下由断面 D1～D4，流速递减，水位变化不大，有一定减小的趋势。

当仅右岸小机组运行时，主流紧贴集鱼槽左侧墙体，通过给集鱼槽和补水渠分别补水 1.62m³/s 和 1.51m³/s，泵站运行对主流影响微弱，集鱼槽内流速约 0.32m/s，集鱼槽进口断面最大流速 0.88m/s，平均流速为 0.75m/s，附近断面平均流速分别为 0.58m/s、

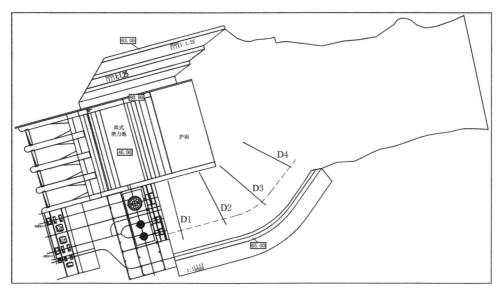

图 4.26 典型特征断面示意图

0.52m/s 和 0.43m/s，集鱼槽进口附近流速与相应主流断面形成差异水流，并在多数鱼类的喜爱流速范围，见图 4.27、图 4.28。此外，补水水流与集鱼槽水流及主流平顺衔接，仅在右侧存在低强度回流，集鱼槽进口水深 1.99m。

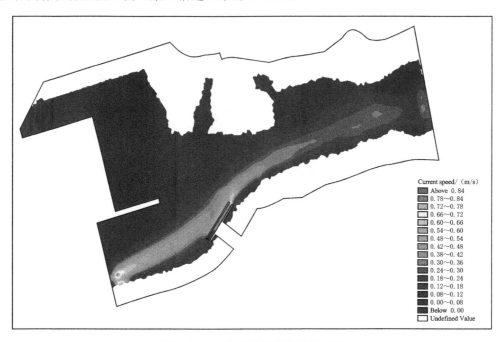

图 4.27 小机组运行整体流场云图

电站仅中间小机组运行时，主流紧贴集鱼槽左侧墙体，通过给集鱼槽和补水渠分别补水 1.62m³/s 和 1.30m³/s，泵站运行对主流影响微弱，集鱼槽内流速约 0.31m/s，集鱼槽

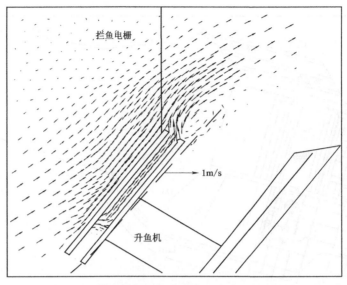

图 4.28　小机组运行集鱼槽进口局部流场矢量图

进口断面最大流速 0.88m/s，平均流速为 0.78m/s，附近断面平均流速分别为 0.59m/s、0.51m/s 和 0.43m/s，集鱼槽进口附近流速与相应主流断面形成差异水流，并在多数鱼类的喜爱流速范围，见图 4.29、图 4.30。此外，补水水流与集鱼槽水流及主流平顺衔接，仅在右侧存在低强度回流。

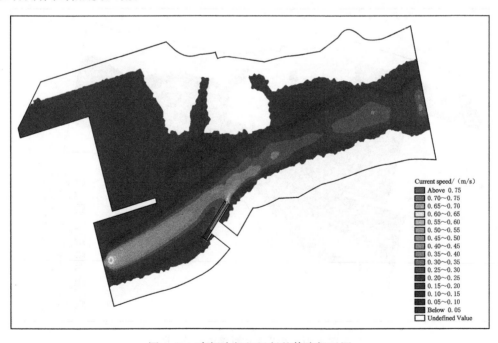

图 4.29　中间小机组运行整体流场云图

电站仅大小机组运行时，集鱼槽进口位于主流右侧边缘，进口离主流较近，最大流速 1.60m/s，集鱼槽上部位于大回流。集鱼槽进口主流断面最大流速 1.27m/s，断面平均流

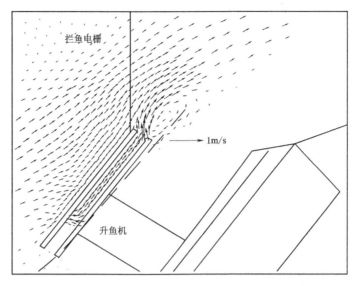

图 4.30　中间小机组运行集鱼槽进口局部流场矢量图

速 0.85m/s。通过给集鱼槽和补水渠分别补水 2.72m³/s 和 2.17m³/s，泵站运行对主流影响微弱，集鱼槽进口断面最大流速 0.77m/s，平均流速为 0.67m/s，附近断面平均流速分别为 0.49m/s、0.50m/s 和 0.44m/s，集鱼槽进口附近流速与相应主流断面形成差异水流，进口对应主流断面最大流速达 1.27m/s，对多数鱼类会形成流速阻碍，洄游鱼类向两侧低流速区游动概率增大，增大寻找集鱼槽进口概率，见图 4.31、图 4.32。补水水流与集鱼槽水流及主流平顺衔接，同样在补水水流右侧存在低强度回流。

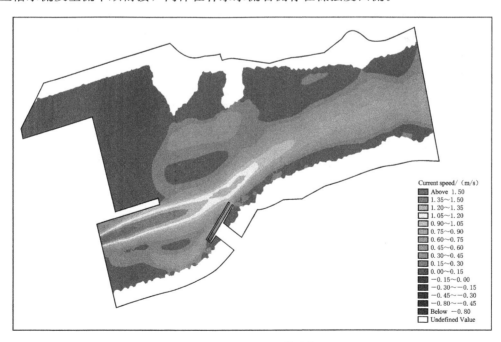

图 4.31　大机组运行整体流场云图

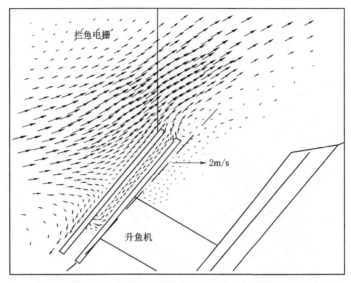

图 4.32   大机组运行集鱼槽进口局部流场矢量图

当右岸小机组与大机组同时运行时，集鱼槽进口位于主流右侧边缘，进口离主流较近，最大流速 1.52m/s。集鱼槽进口主流断面最大流速 1.31m/s，断面平均流速 0.83m/s。通过给集鱼槽和补水渠分别补水 2.89m³/s 和 2.31m³/s，泵站运行对主流影响微弱，集鱼槽内流速约 0.31m/s，集鱼槽进口断面最大流速 0.76m/s，平均流速为 0.66m/s，附近断面平均流速分别为 0.49m/s、0.48m/s 和 0.39m/s，集鱼槽进口附近流速与相应主流断面形成差异水流，进口对应主流断面最大流速达 1.31m/s，对多数鱼类会形成流速阻碍，洄游鱼类向两侧低流速区游动概率增大，增大寻找集鱼槽进口概率，见图 4.33、图 4.34。补水水流与集鱼槽水流及主流平顺衔接，同样在补水水流右侧存在低强度回流。

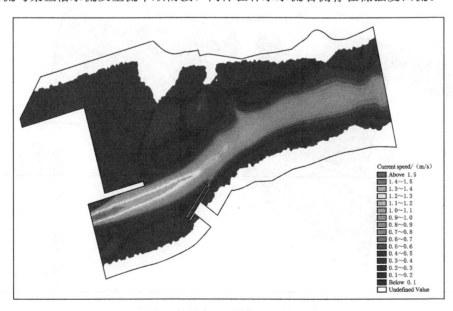

图 4.33   右岸小机组与大机组运行整体流场云图

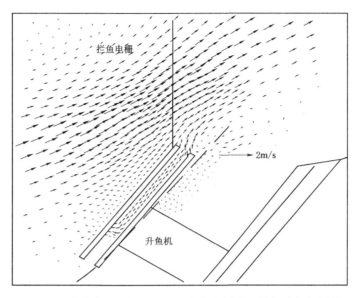

图 4.34　右岸小机组与大机组运行集鱼槽进口局部流场矢量图

若电站两台小机组同时运行时，主流紧贴集鱼槽左侧墙体，最大流速 0.72m/s，集鱼槽进口主流断面最大流速 0.37m/s，断面平均流速 0.29m/s。通过给集鱼槽和补水渠分别补水 2.06m³/s 和 1.92m³/s，泵站运行对主流影响微弱，集鱼槽内流速约 0.31m/s，集鱼槽进口断面最大流速 0.86m/s，平均流速为 0.76m/s，附近断面平均流速分别为 0.57m/s、0.51m/s 和 0.42m/s，集鱼槽进口附近流速与相应主流断面形成差异水流，并在多数鱼类的喜爱流速范围见图 4.35、图 4.36。此外，补水水流与集鱼槽水流及主流平顺衔接，仅在右侧存在低强度回流。

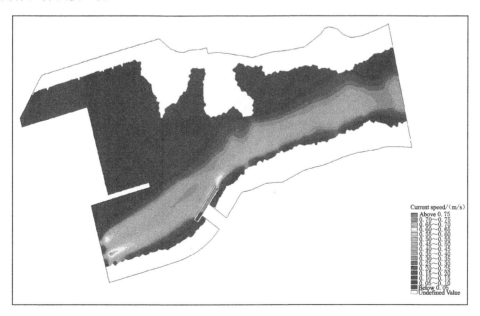

图 4.35　两台小机组运行整体流场云图

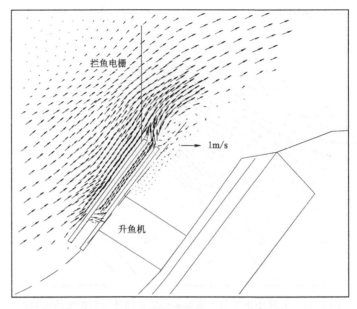

图 4.36　两台小机组运行集鱼槽进口局部流场矢量图

全部机组均运行时，集鱼槽进口位于主流右侧边缘，进口离主流较近，主流最大流速 1.47m/s，无大回流区。集鱼槽进口主流断面最大流速 1.35m/s，断面平均流速 0.83m/s。通过给集鱼槽和补水渠分别补水 3.00m³/s 和 2.45m³/s，泵站运行对主流影响微弱，集鱼槽内流速约 0.30m/s，集鱼槽进口断面 S8 断面最大流速 0.76m/s，平均流速为 0.66m/s，附近断面平均流速分别为 0.49m/s、0.47m/s 和 0.39m/s 对多数鱼类会形成流速阻碍，洄游鱼类向两侧低流速区游动概率增大，增大寻找集鱼槽进口概率，见图 4.37、图 4.38。补水水流与集鱼槽水流及主流平顺衔接，在补水水流右侧存在低强度回流。

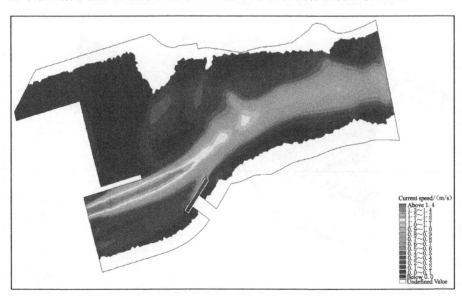

图 4.37　全部机组运行整体流场云图

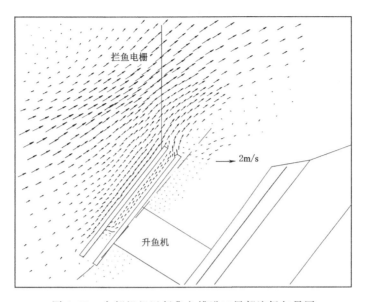

图 4.38　全部机组运行集鱼槽进口局部流场矢量图

2. 集鱼槽进口及附近流场特性分析

当靠岸 3 号小机组单独运行时，主流沿右岸边坡下泄，测点最大流速 0.54m/s，1 号大机组尾水水域基本处于静止状态。集鱼槽进口断面处，主流流速小于 0.3m/s，通过补水系统运行集鱼槽进口处流速可达 0.60m/s，与附近断面流速形成一定流速差，有利于吸引鱼类。集鱼槽内流速约为 0.3m/s，有利于鱼类进入集鱼斗。该工况下整体水流较为平顺，补水水流、集鱼槽水流以及主流平稳衔接，对鱼类寻找集鱼槽入口无影响见图 4.39、图 4.40。与数值计算结果相比，水域流态相似，流速值偏小。

图 4.39　机组运行时升鱼机集鱼槽附件水域流态

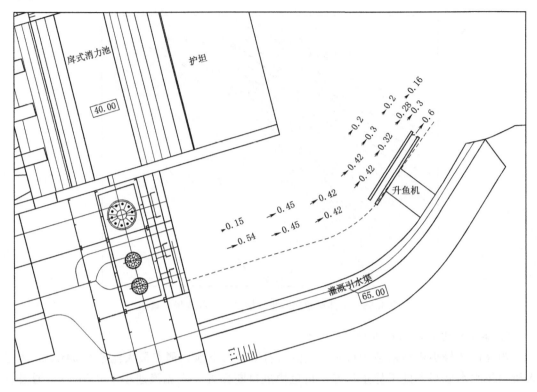

图 4.40　3 号机组运行时升鱼机集鱼槽附件水域流速分布

当中间 2 号小机组单独运行时，主流沿尾水平台中部下泄，1 号大机组尾水水域基本处于静止状态。经过边坡拐弯位置后，主流仍然偏向升鱼机集鱼槽一侧下泄，但相比前一个工况较集鱼槽侧墙稍远。集鱼槽进口断面处基本达到大多数鱼类感应流速。通过补水系统运行集鱼槽进口处流速可达 0.60m/s，与附近断面流速形成一定流速差，有利于吸引鱼类。集鱼槽内流速约为 0.3m/s，有利于鱼类进入集鱼斗。该工况下整体水流也较为平顺，补水水流、集鱼槽水流以及主流平稳衔接，对鱼类寻找集鱼槽入口无影响见图 4.41、图 4.42。与数值计算结果相比，水域流态相似，流速值偏小。

当 1 号大机组单独运行时，主流呈明显 S 形下泄，先靠电站尾水与消力池护坦隔墙下泄，随后向左偏移紧挨集鱼槽侧墙下泄，在 2 号和 3 号小机组尾水区域形成明显回流区，回流强度较大。通过补水系统运行集鱼槽进口处流速可达 0.60m/s，与附近断面流速形成一定流速差，有利于吸引鱼类。集鱼槽内流速约为 0.3m/s，有利于鱼类进入集鱼斗。补水水流、集鱼槽水流以及主流平稳衔接，对鱼类寻找集鱼槽入口无影响，见图 4.43、图 4.44。与数值计算结果相比，流速值偏小，流态相似。

当 2 号和 3 号小机组同时运行时，主流影响范围较广，1 号机组尾水处水域也有一定流速，基本沿整个尾水平台均匀下泄，无回流区。集鱼槽进口断面处，主流流速为 0.3m/s，基本达到大多数鱼类感应流速。通过补水系统运行集鱼槽进口处流速可达 0.60m/s，与附近断面流速形成一定流速差，有利于吸引鱼类。集鱼槽内流速约为 0.3m/s，有利于鱼类进入集鱼斗。该工况下主流经过集鱼槽进口附近水域时平稳下泄，补水水

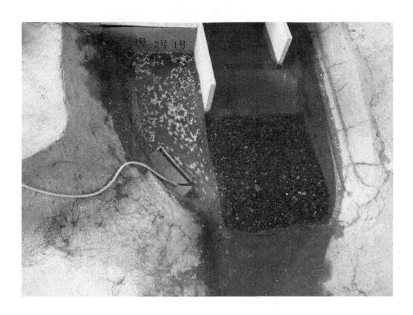

图 4.41　2 号机组运行时升鱼机集鱼槽附件水域流态

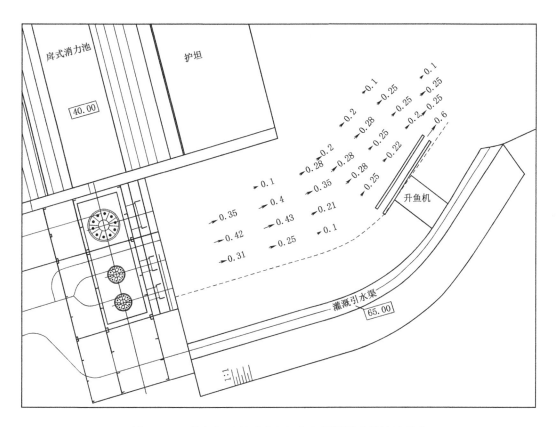

图 4.42　2 号机组运行时升鱼机集鱼槽附件水域流速分布

图 4.43　1 号机组运行时升鱼机集鱼槽附件水域流态

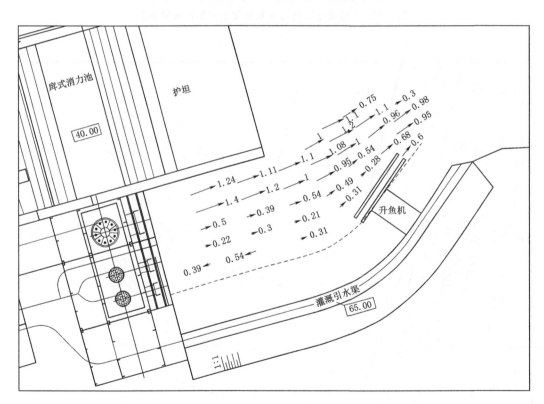

图 4.44　1 号机组运行时升鱼机集鱼槽附件水域流速分布

流、集鱼槽水流以及主流平稳衔接，对鱼类寻找集鱼槽入口无影响，见图 4.45、图 4.46。
与数值计算结果相比，流速值偏小，流态相似，配合拦鱼栅的使用，有利于鱼类寻找集鱼
槽入口。

图 4.45　2 号＋3 号机组运行时升鱼机集鱼槽附件水域流态

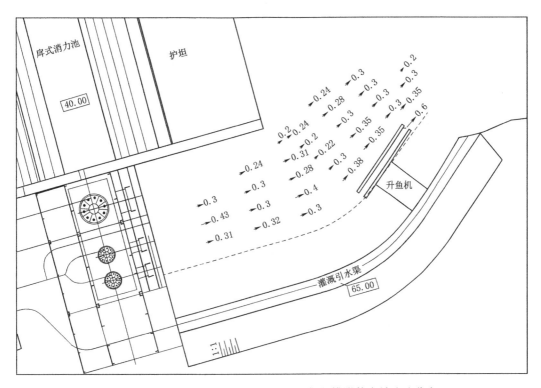

图 4.46　2 号＋3 号机组运行时升鱼机集鱼槽附件水域流速分布

当机组满负荷发电时，主流靠下泄电站尾水与消力池护坦隔墙下泄，并 3 号小机组尾水区域形成较为明显的狭长回流区，回流强度较达 0.40m/s。主流最大流速 1.4m/s，集鱼槽进口断面处，主流流速呈梯级分布，远离集鱼槽进口一侧流速较大，流速范围为

0.30～1.20m/s。通过补水系统运行集鱼槽进口处流速可达 0.60m/s，与附近断面流速形成一定流速差，有利于吸引鱼类。集鱼槽内流速约为 0.3m/s，有利于鱼类进入集鱼斗。该工况下水流出现明显回流区，但在集鱼槽进口附近水域水流平稳下泄，补水水流、集鱼槽水流以及主流平稳衔接，对鱼类寻找集鱼槽入口无影响见图 4.47、图 4.48。与数值计算结果相比，流速值偏小，流态相似，但数值模拟回流区不明显，但水工模型试验中出现的回流区未达集鱼槽进口水域，配合拦鱼栅的使用，不会对鱼类寻找集鱼槽入口造成显著影响。

图 4.47　1 号＋2 号＋3 号机组运行时升鱼机集鱼槽附件水域流态

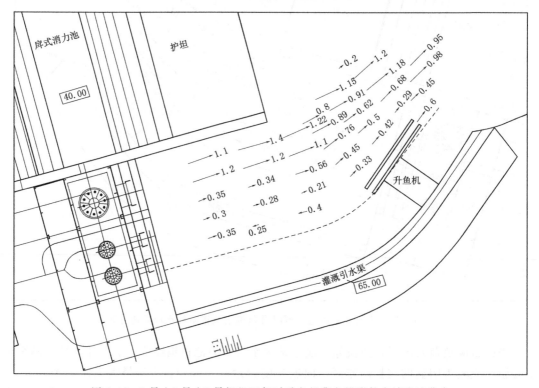

图 4.48　1 号＋2 号＋3 号机组运行时升鱼机集鱼槽附件水域流速分布

4.4.2　升鱼机鱼道进口研究分析

设计方案中将集鱼槽布置在右岸小机组尾水下游约95m处，紧靠右岸52m坡脚线边，集鱼槽入口坐标为点 1（154852.9791，149196.2547）和点 2（154854.9668，149194.7386），并在集鱼槽进口附近主流断面设置拦鱼电栅，拦鱼栅长30m，与主流呈45°。集鱼槽和补水槽分别设置补水系统，补水渠设置在集鱼槽右侧，且出口与集鱼水流呈50°，出口处设置消能拦鱼网。该方案下，电站不同运行工况主流均经过集鱼槽进口，结合拦鱼栅有利于诱导鱼类上溯至集鱼槽进口附近，最后通过定量补水，形成差异化流速，可进一步诱导鱼类进入集鱼槽，总体认为是一个较为可行的方案。

电站仅右侧小机组运行时，主流紧贴集鱼槽左侧墙体，集鱼槽进口主流断面 S6 最大流速0.37m/s，断面平均流速0.16m/s。通过给集鱼槽和补水渠分别补水后，集鱼槽内流速约0.32m/s，集鱼槽进口水深1.99 m，最大流速达0.88m/s，断面平均流速为0.75m/s，集鱼槽进口附近流速与相应主流断面形成差异水流，并在多数鱼类的喜爱流速范围。可诱导鱼类集中在集鱼槽进口附近，由于补水渠出口拦鱼网阻碍作用，鱼类将进一步引导至集鱼槽中。补水水流与集鱼槽水流及主流平顺衔接，在右侧存在低强度回流，总体上过鱼效果较好。

电站仅中间小机组运行时，主流紧贴集鱼槽左侧墙体，最集鱼槽进口主流断面 S6 最大流速0.33m/s，断面平均流速0.22m/s。通过给集鱼槽和补水渠分别补水后，集鱼槽内流速约0.31m/s，集鱼槽进口水深1.99 m，最大流速0.88m/s，平均流速为0.78m/s，集鱼槽进口附近流速与相应主流断面形成差异水流，并在多数鱼类的喜爱流速范围。可诱导鱼类集中在集鱼槽进口附近，由于补水渠出口拦鱼网阻碍作用，鱼类将进一步引导至集鱼槽中。补水水流与集鱼槽水流及主流平顺衔接，右侧存在低强度回流，总体上过鱼效果较好。

电站仅大机组运行时，集鱼槽进口位于主流右侧边缘，进口离主流较近，集鱼槽上部存在回流区。集鱼槽进口主流断面最大流速1.27m/s，断面平均流速0.85m/s。通过给集鱼槽和补水渠分别补水，集鱼槽内流速约0.31m/s，集鱼槽进口水深3.41m，最大流速0.77m/s，平均流速为0.67m/s，集鱼槽进口附近流速与相应主流断面形成差异水流，进口对应主流断面最大流速达1.27m/s，对多数鱼类会形成流速阻碍，洄游鱼类向两侧低流速区游动概率增大，增大寻找集鱼槽进口概率。补水水流与集鱼槽水流及主流平顺衔接，同样在补水水流右侧存在低强度回流，总体认为过鱼效果较好。

右岸小机组与大机组同时运行时，集鱼槽进口位于主流右侧边缘，进口离主流较近。集鱼槽进口主流断面最大流速1.31m/s，断面平均流速0.83m/s。通过给集鱼槽和补水渠分别补水，集鱼槽内流速约0.31m/s，集鱼槽进口水深3.68m，最大流速0.76m/s，平均流速为0.66m/s，集鱼槽进口附近流速与相应主流断面形成差异水流，进口对应主流断面最大流速达1.31m/s，对多数鱼类会形成流速阻碍，洄游鱼类向两侧低流速区游动概率增大，增大寻找集鱼槽进口概率。补水水流与集鱼槽水流及主流平顺衔接，在补水水流右侧存在低强度回流，总体认为过鱼效果较好。

电站两台小机组同时运行时，主流紧贴集鱼槽左侧墙体，集鱼槽进口主流断面最大流速0.37m/s，断面平均流速0.29m/s。通过给集鱼槽和补水渠分别补水，集鱼槽内流速约0.31m/s，集鱼槽进口水深2.57m，断面最大流速0.86m/s，平均流速为0.76m/s，集鱼槽进口附近流速与相应主流断面形成差异水流，并在多数鱼类的喜爱流速范围。补水水流与集鱼槽水流及主流平顺衔接，仅在右侧存在低强度回流，总体认为过鱼效果较好。

全部机组均运行时，集鱼槽进口位于主流右侧边缘，进口离主流较近，无大回流区。集鱼槽进口主流断面最大流速 1.35m/s，断面平均流速 0.83m/s。通过给集鱼槽和补水渠分别补水，集鱼槽内流速约 0.30m/s，集鱼槽进口水深 3.90m，断面最大流速 0.76m/s，平均流速为 0.66m/s，集鱼槽进口附近流速与相应主流断面形成差异水流，进口对应主流断面最大流速达 1.35m/s，对多数鱼类会形成流速阻碍，洄游鱼类向两侧低流速区游动概率增大，增大寻找集鱼槽进口概率。补水水流与集鱼槽水流及主流平顺衔接，在补水水流右侧存在低强度回流，总体认为过鱼效果较好。

升鱼机集鱼槽补水系统各工况下对用的补水方式可保证集鱼槽进口与附近水流形成流场差异，具体表现为主流流速小时集鱼槽进口流速大，主流流速大时集鱼槽进口流速小，并认为维持集鱼槽进口流速在 0.60～0.70m/s 是一个较好的选择，配合拦鱼栅的使用可进一步吸引鱼类进入集鱼槽。

若升鱼机集鱼槽位于电站各运行工况主流交汇处，可保障各种运行工况下的过鱼水流条件，电站常用运行工况，如一台小机组或两台小机组运行时，集鱼槽进鱼口主流流速较小，对于拦鱼电栅的依赖性较高。在大机组运行或参与运行的工况下，进口主流断面流速较大，基本形成鱼类上溯流速阻碍，鱼类往主流两侧游动的概率较大，对拦鱼电栅的依赖性较低。综上所述，设计方案升鱼机布置位置可以兼顾不同运行工况下的过鱼水流条件，常用工况下需保证拦鱼电栅的正常工作，提高过鱼效率。

4.4.3　结论

工程所采用的过鱼设施为升鱼机，是一种国内较小运用的形式，主要适用于高水头电站，其自身过鱼依靠机械自动完成，鱼类翻坝易于解决。但升鱼机的集鱼槽位置是影响其运行效果的关键，鱼类能否大概率寻找到集鱼槽入口进入集鱼槽是成败的关键。因此升鱼机集鱼槽位置的布设尤为关键，附近水域流场水力条件将直接影响过鱼效率，为确保过鱼效果，论证设计方案可行性，开展升鱼机附近流场水力学研究是十分必要的。

4.5　鳗鱼道参数优化研究

解决水利水电工程对河道的阻隔效应，人们开始研究鱼类过坝技术，作为一种生态补偿措施过鱼设施得以修建。我国鱼道工程案例中涉及较多的是横隔板式、原生态式、槽式鱼道，2013 年发布的 SL 609—2013《水利水电工程鱼道设计导则》中也明确提出为满足能爬行、能黏附、善于穿越草丛缝隙鱼类的过鱼需求可布置特殊结构形式的鱼道。鳗鱼道即属于其中一种特殊结构鱼道，主要利用了幼鳗能粘附于湿润有细流的粗糙的建筑物壁面向上爬行的特点。按照世界上广泛接受的划分方法，鳗鲡属共有鱼类 16 种，主要为日本鳗鲡（Anguilla japonica）、欧洲鳗鲡（Anguilla anguilla）、美洲鳗鲡（Anguilla rostrata）、澳洲鳗鲡（Anguilla australis）以及花鳗鲡（Anguilla marmorata）等，分布在我国的有两种鳗鲡即日本鳗鲡（又名白鳗）和花鳗鲡，日本鳗鲡分布在广东至江苏主要入海口且主要集中于长江口水域，花鳗鲡常见于福建、广东、台湾、海南等省的河流及海域中。两种鱼类均分布在我国南方沿海及内陆淡水区域，两者均为降河洄游鱼类，即性成熟后（银鳗）降河到海洋中繁殖，孵出的幼体称为柳叶鳗，随后慢慢向大陆浮游，在进入河口前变成像火柴杆一样的白色透明鳗苗，俗称为鳗线或玻璃鳗，最终进入河川生长。目前，对于日本鳗鲡的产卵场较为明确，其位于 Mariana 岛附近海域（15°N，140°E），而对于花鳗鲡的生活习性了解较少，尚不明确其产卵地点，花鳗鲡的数量目前已十分稀少，处于濒危等级，为国家二级保护动物。可见，我国南方鳗鲡（日本鳗鲡和花鳗鲡）的整个生活史中，洄游到淡水水域生长是一个十分关键的阶段，一般情况下只有当鳗鲡能够顺利洄游到内陆水域生长才能保证维持该物种的种群数量资源量。而我国的鱼道大多布置在沿海平原地区，尽管只是一些低水头的闸坝，但在设计之初绝大部分未考虑鳗鲡这种特殊鱼类的洄游需求，阻隔了洄游通道，即使有部分幼鳗凭借着出色地攀爬能力翻越了水陂等低水头建筑物，但上游一些高水头电站是他们不可逾越的障碍，无法到底其淡水生长区域造成了如今我国南方两种鳗鱼数量的急剧减少，尤其是花鳗鲡已十分罕见。

玻璃鳗鳗鱼的游泳能力较差，但攀爬能力较强，这种特殊性使得鳗鱼道与常规鱼道存在很大的差别，我国的鱼道设计主要过鱼对象为四大家鱼，设计流速一般为 0.8～1.0m/s，对于幼鳗鳗鱼来讲克服这样的流速过坝是十分困难的，必须根据它们鳗鱼的特点设置专门的过鱼通道才能满足其洄游需求。

4.5.1 鳗鱼道参数优化研究结果

采用室内试验、数值模拟分析计算以及原型试验的方法对鳗鲡开展相关研究，通过室内鳗鱼道模型试验确定鳗鱼道设计最优参数，结合室内光色试验确定进口诱鱼方案，最终确定鳗鱼道整体设计方案，以原型试验加以验证其适宜性。并通过数值模拟手段进一步解析最优设计形式下鳗鱼道的三维水力学特性，形成一套适宜鳗鲡上溯的水力学指标，技术路线如图 4.49 所示。

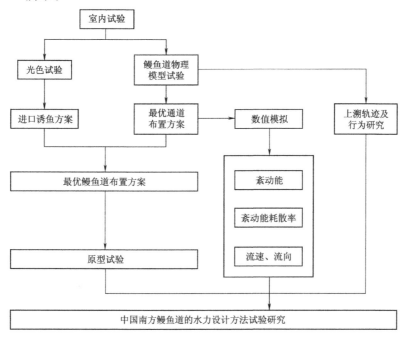

图 4.49 鳗鱼道研究技术路线示意图

为了探究基质布置方式、不同基质间隔 h、不同角度 θ 及不同单宽流量 q 对鳗鱼上溯时间、轨迹以及成功率的影响。采用控制变量法设计以下试验：见表 4.2，试验时间为19：00—2：00，共计 7h；每次试验开始前打开录像机，从暂养池取新的 20 尾鳗鱼，放置鳗鱼道下游鱼池，并用录像机持续记录 1h，然后进行下次试验。试验结束后分别统计每条鱼上溯成功的时间、冲刺次数，在每次试验结束时，将上游集鱼箱中的鱼取出，以确保试验数据的准确性，试验后将鱼放回另一暂养池暂养，每组试验做 6 次。为了使试验结果更具参考性，减小鳗鱼体宽对试验结果的影响，将对基质间隔无量纲化，即 $h = \dfrac{l_{pvc}}{l_{manyu}}$（注：$l_{pvc}$ 指的是相邻两 pvc 管圆心之间的距离，具体如图 4.50、图 4.51 所示。）

表 4.2　　　　　　　　　　鳗鱼道结构工况设计

工况	基质材料	基质布置方式	基质间隔 /h	单宽流量 /(m²/h)	坡度 /(°)	下游水位 /mm
w1	无	无	无	6.67	30	
w2	PVC	平行	1.5	6.67	30	
w3-1			1	4.76	20	
w3-2			1	4.76	30	
w3-3			1	4.76	45	
w3-4			1	6.67	20	
w3-5			1	6.67	30	
w3-6			1	6.67	45	
w3-7			1	7.62	20	
w3-8			1	7.62	30	
w3-9			1	7.62	45	
w3-10			1.5	4.76	20	
w3-11			1.5	4.76	30	
w3-12			1.5	4.76	45	
w3-13			1.5	6.67	20	50
w3-14	PVC	梅花	1.5	6.67	30	
w3-15			1.5	6.67	45	
w3-16			1.5	7.62	20	
w3-17			1.5	7.62	30	
w3-18			1.5	7.62	45	
w3-19			2	4.76	20	
w3-20			2	4.76	30	
w3-21			2	4.76	45	
w3-22			2	6.67	20	
w3-23			2	6.67	30	
w3-24			2	6.67	45	
w3-25			2	7.62	20	
w3-26			2	7.62	30	
w3-27			2	7.62	45	

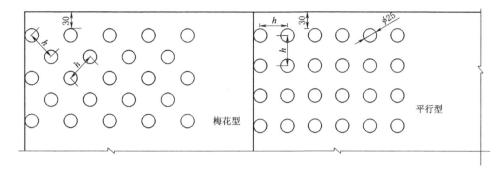

图 4.50　基质间隔示意图

（a）　　　　　　　　　　　　　（b）

图 4.51　试验布置图

1. 低水头鳗鱼道通道室内实验结果

通过表 4.2 中工况 w1、w2 和 w3-14 研究基质形式对鳗鱼上溯的影响，其中 w1 为试验对照组。由图 4.52 可知，鳗鱼上溯成功率随着底板基质形式的改变而改变，其变化范围为 5%～100%，其中最高值出现在工况 w3-14，最小值出现在对照组。试验组与对照组相比，鳗鱼通道都效率呈现明显的增大趋势，具体表现为：随着基质形式依次从梅花型、平行型、对照组的改变，鳗鱼平均通道效率呈现明显降低趋势，依次为 91.67%±5.53%、75%±6.45%、11%±5.34%（平均值±标准差），试验组明显高于对照组，梅花型相对于平行型，鳗鱼的通过率较为稳定当底板基质为梅花型时，鳗鱼的上溯成功率最高。因此，后续的试验只考虑梅花型布置型式下的上溯成功率。

通过表 4.2 中工况 w3-5、w3-14 和 w3-23 探究基质间隔 h 对鳗鱼上溯成功率的影响，设定固定参量：基质形式为梅花型，角度 $\theta=30°$、流量为 $q=6.67\text{m}^2/\text{h}$，下游鱼池水位 $X=50\text{mm}$。

如图 4.53 所示，不同基质间隔下鳗鱼上溯成功率变化范围为 $15\%\sim100\%$，其中上溯成功率最低出现在基质间隔 $h=1$ 时，上溯成功率最高出现在基质间隔 $h=1.5$ 时，具体表现为：随着基质间隔的增加，鳗鱼上溯成功率呈现先增加后降低的趋势，依次为 $19.37\%\pm2.68\%$、$91.67\%\pm5.53\%$、$50.00\%\pm6.45\%$，表明当鳗鱼活动空间太小和活动空间太大都不利于上溯，基质间隔要适应所有和断面鳗鱼的体宽；标准差值体现了随着基质间隔 h 的增加，鳗鱼通过率波动性依次增加，上溯的不稳定性会增加，当活动空间太大，上溯时受力不充分，不稳定性增加。

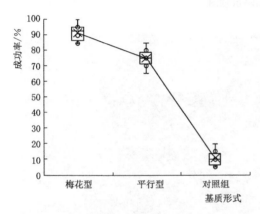

图 4.52　不同基质形式下鳗鱼上溯成功率

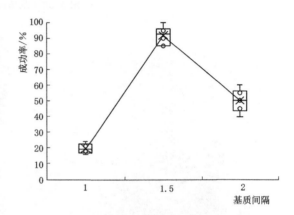

图 4.53　不同间隔下鳗鱼上溯成功率

通过表 4.2 中工况 w3-13、w3-14 和 w3-15 探究坡度对鳗鱼溯成功率的影响，设定固定参量：基质形式梅花型，基质间隔 $h=1.5$、流量为 $q=6.67\text{m}^2/\text{h}$，下游鱼池水位 $X=50\text{mm}$，鳗鱼通道坡度 θ 分别为 20°、30°、45°等不同形式。

如图 4.54 所示，不同坡度下试验得到的鳗鱼上溯成功率变化范围为 $40\%\sim100\%$，其中最大通过率出现在坡度 θ 为 20°、30°的情况下、最低通过率出现在坡度 θ 为 45°的情形下。各个坡度下鳗鱼的平均通过率分别为 $92.50\%\pm4.79\%$、$91.67\%\pm5.53\%$、$52.50\%\pm8.54\%$。当坡度为 20°时，鳗鱼的通过率波动较小，比较稳定，随着坡度的增加，鳗鱼通过率的波动性也逐渐增大。当坡度 θ 从 20°向 30°过渡时，鳗鱼上溯的成功率变化微弱，有一定的降低趋势。

通过表 4.2 中工况 w3-11、w3-14 和 w3-17 探究流量大小对鳗鱼上溯成功率的影响，设定固定参量：基质形式为梅花型、基质间隔 $h=1.5$，角度 $\theta=30°$，下游鱼池水位 $x=50\text{mm}$，通道单宽流量分别设置为 $4.76\text{m}^2/\text{h}$、$6.67\text{m}^2/\text{h}$、$7.62\text{m}^2/\text{h}$。试验成果如图 4.55

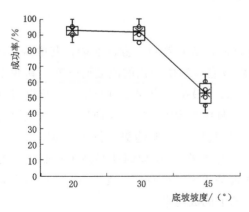

图 4.54　不同坡度下鳗鱼上溯成功率

所示。

不同单宽流量下鳗鱼上溯成功率的变化情况，其变化范围在 $65\%\sim100\%$，其中最高值出现在单宽流量为 $6.67\mathrm{m^2/h}$，最低出现在单宽流量为 $7.62\mathrm{m^2/h}$ 时。各个流量下鳗鱼的平均通过率分为 $85.83\%\pm5.35\%$、$91.67\%\pm5.53\%$、$77.5\%\pm8.54\%$。当单宽流量从 $4.76\mathrm{m^2/h}$ 向 $6.67\mathrm{m^2/h}$ 过渡时，鳗鱼上溯成功率虽然有上升趋势，但是变化及其微弱。当单宽流量为 $4.76\mathrm{m^2/h}$、$6.67\mathrm{m^2/h}$ 时鳗鱼通过率比较稳定，但是随着单宽流量的继续增大，鳗鱼通过率的波动变大。

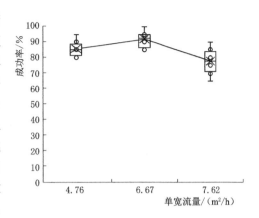

图 4.55　不同单宽流量下鳗鱼上溯成功率

4.5.2　鳗鱼道参数优化研究分析

通过数值模拟对室内试验结果进行验证。水流进口流量边界 $6.67\mathrm{m^2/h}$，对应控制上游静水位为 1.2cm。下游水流出口选用压强边界，控制水深为 5cm，鳗鱼道三维模型及数模网格示意图见图 4.56～图 4.58。

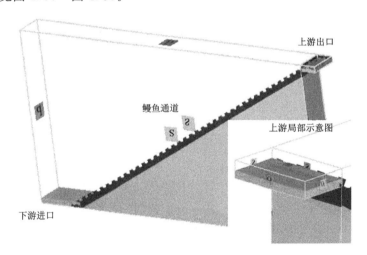

图 4.56　鳗鱼道三维模型图

s—对称边界；q—自由出流边界；p—压力边界；Q—流量边界上游出口；W—边墙

选取 2 个切片进行流态及消能效果分析，3 个切片分别为：表层切片（$z=4\mathrm{cm}$）、底层切片（$z=2\mathrm{cm}$）、纵向切片（$y=12.5\mathrm{cm}$）。

在切片 $z=4\mathrm{cm}$，$z=2\mathrm{cm}$ 时。w3-14 工况下，$x=0\mathrm{cm}$ 处流速骤变，x 方向鳗鱼道入口上游流速明显大于下游流速，进口表层、底层流速约为 0.45m/s，下游流速较为平缓，表层约为 0.05m/s，底层约为 0.10m/s，见图 4.59。高速带主要分布于下游鳗鱼进口与鳗鱼道斜坡交界处，沿 y 方向呈 S 形带状分布，流态较为复杂，可以为鳗鱼上溯提供较好的吸引流，且入口流速低于 0.5m/s，符合鳗鱼的游泳能力低的特性。从图中也可明显看出在靠近交界处位置出现大面的回流区，回流区的流速约为 $-0.2\sim0.1\mathrm{m/s}$ 约占

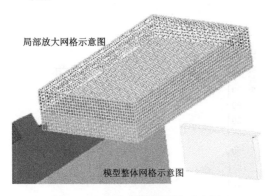

局部放大网格示意图

模型整体网格示意图

图 4.57　鳗鱼道数模网格示意图

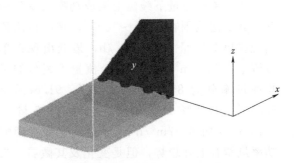

图 4.58　鳗鱼道进口模型示意图

据整个鳗鱼通道入口宽度，表层回流区面积约占 1/3，底层回流区的面积较小，但流速较小，约为 0.2m/s。鳗鱼道入口水流较为复杂，是典型的湍流，对上溯鳗鱼有明显吸引作用，且流速较小，不会对鳗鱼的上溯形成流速阻碍。

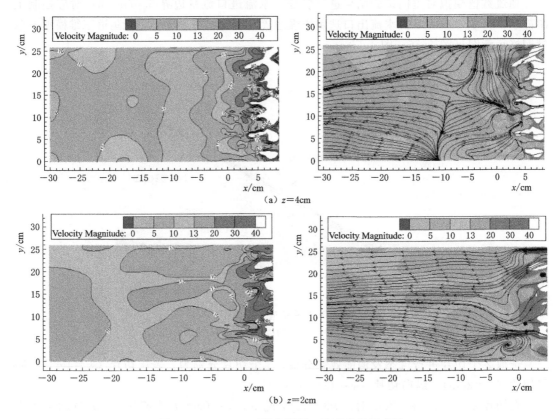

（a）$z=4\text{cm}$

（b）$z=2\text{cm}$

图 4.59　w3-14 工况鱼道进口流态分析示意图

w3-17 工况下，鳗鱼道入口上游流速明显大于下游流速，进口表层和底层流速基本无差异，约为 0.5m/s，见图 4.60。下游表层约为 0.15m/s，但局部流速超过 0.25m/s，主要集中在主流方向（$y=0$ 处为对称轴）。入口流速超过 0.6m/s 的面积约占 1/2，一定程度上会影响鳗鱼上溯,不利于鳗鱼攀爬。从流线图中也可明显看出在靠近交界处位置出现大面积的回流区,回流区流速为-0.1~0.1m/s约占据整个鳗鱼通道入口宽度,回流区面积约占1/2,该工况下对鳗鱼的上溯可能会造成一定影响。

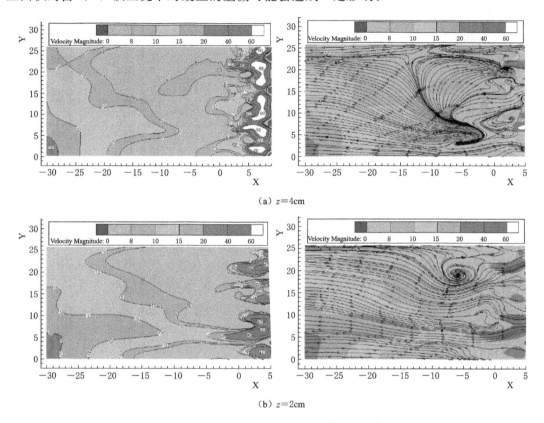

(a) $z=4\mathrm{cm}$

(b) $z=2\mathrm{cm}$

图 4.60   w3-17工况鱼道进口流态分析示意图

在切片 $y=12.5\mathrm{cm}$ 时,两工况下,y 剖面表层流速小于底层流速,流速均在0.1m/s。受堰面水流向下冲刷的影响,在 $x=-5\mathrm{cm}$ 处形成翻滚水跃,表层出现小漩涡,此流态有利于吸引鱼类,寻找上溯入口如图4.61、图4.62所示。

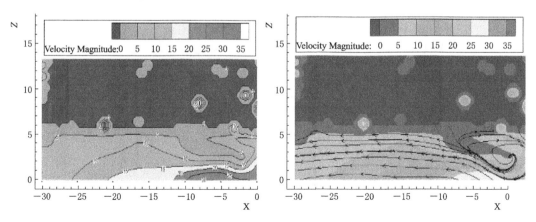

图 4.61   w3-14工况鱼道进口流态分析示意图(y 剖面)

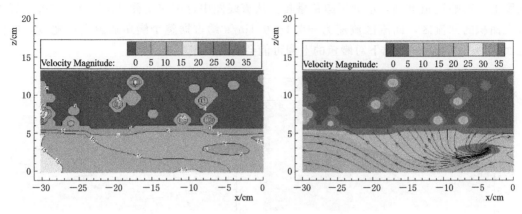

图 4.62　w3-17 鱼道进口流态分析示意图（y 剖面）

结合室内试验结果，将灯光诱鱼方案与最优参数鳗鱼道通道设计方案结合，形成鳗鱼道整体设计方案，将其应用在低水头拦河闸坝中，以检验实际运用效果。

野外实验用鱼与室内试验相同，取自珠江西江干流封开河段，共计 100 条。每尾平均长度为 (17.3 ± 1.36)cm，重量为每尾 $150 \sim 400$g，平均体宽 $l_{manyu} = (1.6 \pm 0.48)$cm。试验前暂养在珠江水利科学研究院佛山里水试验基地中，暂养池长 8m，宽 0.5m，高 0.6m 的水槽中，并始终保持水的持续流动性。运输中使用泡沫箱装置试验用鱼，水深 20cm，分批装载，每箱 20 尾鱼，通过增氧泵给水体增氧。到达试验现场后将鱼一次性放置试验区内，试验结束后将鱼全部放回到原来的河段。

原型试验地点位于广州市流溪河水厂坝，水厂坝位于从化区中心，其主要功能是为从化区提供水源，满足从化区的供水需求。水厂坝由 40 孔自动翻板门和一个船闸组成，设计水头 2m。

如图 4.63 所示，选择右岸船闸附近水域（图中方框内）作为试验区域，面积约为

图 4.63　水厂坝船闸局部水域

$210m^2$，试验选择在枯水期进行，以避免翻板闸门下泄水对鳗鱼的上溯影响，水深约1.5m。试验区域四周用布设围网，防止试验鱼窜逃。在船闸的右岸导墙与岸边分别布设水下景观灯，灯距2m，共布设10个水下景观灯。将鳗鱼道放置在坝体处，通过水泵抽取上游上体经鳗鱼道下泄。试验设计图如图4.64所示。

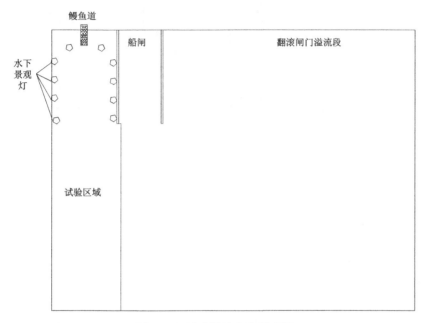

图 4.64　试验设计方案示意图

根据室内试验成果，原型试验共设计4种试验工况，见表4.3，其中包括一组试验对照工况，不设诱鱼灯。对试验区域进行围网布设，围网高出水面1m，底部用细石压实。将100条试验鱼一次性放入围网中，适应半天后开始试验，每个试验工况相隔2天，受限于野外条件限制和试验鱼特殊性，每个工况只进行一组试验。试验于每天19：00开始至第二天8：00结束。统计鳗鱼道集鱼箱中鳗鱼数量，计算各工况下的上溯成功率。

表 4.3　　　　　　　　　　原 型 试 验 工 况

工况	诱鱼光色	光色形式	鳗鱼道
w1	无	无	最优参数布置形式
w2	紫光	持续性	最优参数布置形式
w3	红光	间歇性	最优参数布置形式
w4	黄光	间歇性	最优参数布置形式

试验中，观察到经过鳗鱼道堰面的鳗鱼均能很快上溯至集鱼箱，失败下滑的概率较小，见图4.65，进一步论证了最优参数设计形式下鳗鱼道良好的水力条件，既能吸引鳗鱼上溯，又不会对其形成流速阻碍。

4.5.3　结论

通过室内试验、数值模拟、原型试验等方法，对广泛分布在我国南方地区的鳗鱼行为

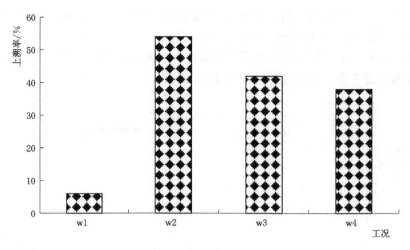

图 4.65　原型试验鳗鱼通过率

和其过鱼通道开展研究，得到以下主要结论：

（1）鳗鲡幼鱼对光的趋向性由其发育阶段决定，玻璃鳗对光色具有趋向性，尤喜爱红光、黄光和紫光，鳗线则已开始体现避光性。

（2）红光和黄光下鱼类可能存在视觉疲劳，不利于长时间诱鱼。紫光在水中的衰减速率小，且鱼类在其光色下无视觉疲劳现象，诱鱼效果较好。在鳗鱼道入口采用灯光诱鱼要视具体河段的目标鱼类发育阶段而定，若目标鱼类处于柳叶鳗或玻璃鳗阶段，使用灯光诱鱼是可行的，且优先使用紫光诱鱼。若鳗鱼道入口附近具备足够的吸引流条件，也可布设间歇性黄光或红光诱鱼方案，避免鱼类产生视觉疲劳，达到持久诱鱼效果。

（3）不同的基质形式、间隔、坡度、单宽流量对鳗鱼上溯成功率有一定影响，是鳗鱼道设计时需要考虑的重要参数，其中基质间隔对鳗鱼上溯成功率影响最大。通过试验对比，鳗鱼道设计最优参数为：基质间隔 $h=1.5$，坡度 $30°$，单宽流量 $6.76\mathrm{m}^2/\mathrm{h}$。该参数下的鳗鱼上溯成功率为 91.67%。

（4）湍流更能吸引鳗鱼上溯，上溯过程中呈 S 形、Z 形、直线型等为主的 3 种运动形式，在最优布置方案下，以 S 形、Z 形为主。鳗鱼有向边缘化的上溯特点，基于鳗鲡上溯行为边缘性导向特点，鳗鱼道平面布置位置应尽量选择在左右两岸，避免布置在河床中部厂房等建筑物，以增大鳗鱼进入洄游通道的概率。

（5）鳗鱼上溯的平均速度主要受基质间隔影响，坡度及单宽流量影响较小，间隔越大，上溯速度越快，但上溯成功率有所下降。经统计，鳗鱼上溯的最大保守估计速度小于 $20\mathrm{cm/s}$，但试验过程中鳗鱼的爆发游泳速度高达 $66.24\mathrm{cm/s}$，持续时间约为 $2\sim3\mathrm{s}$。

（6）最优参数鳗鱼道布置方案下，进口段表层及底层流速约为 $0.45\mathrm{m/s}$，高速带主要分布于下游鳗鱼进口与鳗鱼道斜坡交界处，沿 y 方向呈 S 形带状分布，流态较为复杂，可以为鳗鱼上溯提供较好的吸引流。随着单宽流量的增加，入口流速超过 $0.6\mathrm{m/s}$ 的面积约占 $1/2$，一定程度上会影响鳗鱼上溯，不利于鳗鱼攀爬。

（7）最优参数鳗鱼道布置方案下，进口段表层最大 TKE 为 $200\mathrm{cm}^2/\mathrm{s}^2$，表层紊动能大于 $100\mathrm{cm}^2/\mathrm{s}^2$ 的约占据整个水域面积的 $1/5$。底层 TKE 最大值为 $150\mathrm{cm}^2/\mathrm{s}^2$，且紊动能

大于 $100\text{cm}^2/\text{s}^2$ 的区域约占整个面积区域的 $1/10$。表层的 DTKE 最大为 $700\text{cm}^2/\text{s}^3$，占据整个鳗鱼道入口，而底层的 DTKE 最大值虽然也为 $700\text{cm}^2/\text{s}^3$，但所占面积较小；单宽流量增加时，水流紊动能（TKE）和能量转换效率（DTKE）均减小，消能相对不充分，入口流速局部达 0.6m/s，对鳗鱼上溯造成一定影响。

（8）最优参数鳗鱼道布置方案下，堰面流速值沿 y 方向均呈现正余弦变化，在 PVC 基质间隔之间流速值出现波峰，在 PVC 基质下流速值出现波谷，依次交替出现。堰面最大流速接近 1.0m/s，但所占据的面积不足截取面积的 $1/20$，最小流速为 0.20m/s，所占面积约为 $1/8$，剩余部分流速多分布在 $0.4\sim0.6\text{m/s}$。随着单宽流量的增加堰面最大流速随之增大至 1.2m/s，且所占面积比例也有所增大，对鳗鱼上溯形成一定影响。

（9）最优参数鳗鱼道布置方案下，堰面 y 方向紊动能和紊动耗散率呈现正余弦分布规律，在 PVC 基质之间呈现波峰，在 PVC 基质下方呈现波谷。堰面最大紊动能为 $50\text{cm}^2/\text{s}^2$，约占据切片面积的 $1/3$。最大紊动能耗散率为 $2000\text{cm}^2/\text{s}^3$，相应面积占比例极小；随单宽流量的增大，堰面最大紊动能和紊动耗散率分别为 $250\text{cm}^2/\text{s}^2$ 和 $5000\text{cm}^2/\text{s}^3$，对鳗鱼上溯形成一定影响。

（10）最优参数鳗鱼道布置方案下，结合持续性紫光诱鱼方案，野外原型试验中鳗鱼上溯成功率为 54%；结合间歇性红光诱鱼方案，鳗鱼上溯成功率为 42%；结合间歇性黄光诱鱼方案，鳗鱼上溯成功率为 38%。试验结果与室内试验结果相符，证实了鳗鱼道设计方案可行性。

（11）为了试验的可控性，原型试验限制了鱼类活动空间，与自然河段中鳗鱼上溯仍然存在一定差别，上溯效果有待于进一步验证。

4.6　本章小结

本章对珠江流域上各类典型鱼道进行梳理，通过实际工程与过鱼原理相结合的方式，对生态鱼道、竖缝式鱼道、丹尼尔式鱼道、升鱼机及鳗鱼道的工程应用及数学模型的构建进行说明。针对我国鱼道发展缓慢的原因主要是由于技术和管理不到位，提出了纳入鱼道前期生态学研究和后期效果评估的生态学研究——设计——评估——优化一体化技术是鱼道今后的发展方向，并从法律法规和经济政策方面推动鱼道的建设提出了建议。最后，简单介绍了在生态学研究——设计——评估——优化一体化鱼道建设技术上的实践经验，后期将从鱼道建设标准规范上进一步推进我国的鱼道建设，解决河流纵向连通性问题。

第5章　鱼道过鱼效果评估研究

水利工程在防洪、发电、灌溉等方面发挥重要作用的同时，对河流生态环境也带来了不利影响。其中最为明显的就是大坝修建截断了河流自下而上的物质与能量输移，阻隔了鱼类的洄游通道。鱼道建设被认为是最有效缓解水坝阻隔鱼类洄游的重要措施之一，而鱼道过鱼效果监测是评价鱼道功能的重要指标。

5.1　广州市流溪河水厂坝鱼道

流溪河溪河水库以下流溪河河段共建有11座拦河闸坝，依次为良口坝、青年坝、胜利坝、卫东坝、人工湖坝、水厂坝、街口坝、大墈坝、牛心岭坝、李溪坝和人和坝。水厂坝位于从化区中心，街口拦河坝上游约3km，其主要功能是为从化区提供水源，满足从化区的供水需求。水厂坝由40孔自动翻板门和一个船闸组成，设计水头2m，见图5.1。

图5.1　水厂坝现状图

5.1.1　流溪河水厂坝鱼道过鱼效果评估结果

鱼道过鱼效果监测时段内，共监测至1710尾鱼，共计48种，分属3目，14科，46属，鱼类名录、数量见表5.1。可以看出，尼罗罗非鱼所占比例最高，高达43.4%，其次是鳘，占19.5%，其他为唇和似鮈，分别占7.3%和5.8%。各种鱼照片如图5.2所示。

96

表 5.1　　　　　　　鱼道监测鱼类名录

序号	名　称	纲	目	科	属	条数/条	比例
1	尼罗罗非鱼	辐鳍鱼纲	鲈形目	丽鱼科（慈鲷科）	罗非鱼属	742	43.4
2	齐氏罗非鱼	辐鳍鱼纲	鲈形目	丽鱼科（慈鲷科）	罗非鱼属	39	2.3
3	福建纹胸鮡	硬骨鱼纲	鲇形目	鮡科	纹胸鮡属	14	0.8
4	东方墨头鱼	硬骨鱼纲	鲤形目	鲤科、野鲮亚科	墨头鱼属	15	0.9
5	海南华鳊（大眼鱼）	硬骨鱼纲	鲤形目	鲤科、鲌亚科	华鳊属	7	0.4
6	唇鲭	硬骨鱼纲	鲤形目	鲤科、鮈亚科	鲭属	124	7.3
7	中华花鳅	硬骨鱼纲	鲤形目	花鳅科	花鳅属	2	0.1
8	银鮈	硬骨鱼纲	鲤形目	鲤科、（鱼句）亚科	银鮈属	20	1.2
9	点纹银鮈	硬骨鱼纲	鲤形目	鲤科、（鱼句）亚科	银鮈属	5	0.3
10	陵吻虾虎鱼	辐鳍鱼纲	鲈形目	虾虎鱼科	吻鰕虎鱼属	36	2.1
11	南方拟鱤	硬骨鱼纲	鲤形目	鲤科、鲌亚科	拟鱤属	21	1.2
12	鱤	硬骨鱼纲	鲤形目	鲤科、鲌亚科	鱤属	333	19.5
13	黑鳍鳈	硬骨鱼纲	鲤形目	鲤科、鮈亚科	鳈属	25	1.5
14	海南拟鲚	硬骨鱼纲	鲤形目	鲤科	似鱎属（＝锯齿鳊属）	6	0.4
15	革胡子鲇（埃及塘虱鱼）	辐鳍鱼纲	鲇形目	胡子鲇科	胡子鲇属（革胡子鲇种）	3	0.2
16	台细鳊	硬骨鱼纲	鲤形目	鲤科、鲌亚科	细鳊属（台细鳊）	2	0.1
17	似鮈	硬骨鱼纲	鲤形目	鲤科、野鲮亚科	似鮈属	100	5.8
18	鲇	硬骨鱼纲	鲇形目	鲇科	鲇属	11	0.6
19	大眼华鳊	硬骨鱼纲	鲤形目	鲤科、鲌亚科	华鳊属	6	0.4
20	鲮鱼	辐鳍鱼纲	鲤形目	鲤科、野鲮亚科	鲮属	26	1.5
21	大刺鳅	辐鳍鱼纲	鲈形目	刺鳅科	刺鳅属	6	0.4
22	鲤鱼	硬骨鱼纲	鲤形目	鲤科	鲤鱼	9	0.5
23	短须鱊	辐鳍鱼纲	鲤形目	鲤科	鱊属	20	1.2
24	小鳈	硬骨鱼纲	鲤形目	鲤科，鮈亚科	鳈属	5	0.3
25	鲫鱼	硬骨鱼纲	鲤形目	鲤科	鲫属	5	0.3
26	泥鳅	硬骨鱼纲	鲤形目	鳅科	泥鳅属	14	0.8
27	鳙鱼	硬骨鱼纲	鲤形目	鲤科	鳙属	7	0.4
28	中华鳑鲏	硬骨鱼纲	鲤形目	鲤科，鳑鲏亚科	鳑鲏属	36	2.1
29	棒花鱼	硬骨鱼纲	鲤形目	鲤科	棒花鱼属	2	0.1
30	麦穗鱼	硬骨鱼纲	鲤形目	鲤科，鮈亚科	麦穗鱼属	2	0.1
31	草鱼	硬骨鱼纲	鲤形目	鲤科	草鱼属	3	0.2
32	马口鱼	硬骨鱼纲	鲤形目	鲤科	马口鱼属	11	0.6
33	宽鳍鱲	硬骨鱼纲	鲤形目	鲤科	鱲属	5	0.3
34	鲢鱼	辐鳍鱼纲	鲤形目	鲤科	鲢属	5	0.3

续表

序号	名 称	纲	目	科	属	条数/条	比例
35	黄颡鱼	辐鳍鱼纲	鲇形目	鲿科	黄颡鱼属	12	0.7
36	条纹鮠	硬骨鱼纲	鲇形目	鲿科	鮠属	5	0.3
37	纹唇鱼	硬骨鱼纲	鲤形目	鲤科	纹唇属	6	0.4
38	黄尾鲴	辐鳍鱼纲	鲤形目	鲤科	鲴属	2	0.1
39	赤眼鳟	硬骨鱼纲	鲤形目	鲤科	赤眼鳟属	1	0.1
40	美丽小条鳅	硬骨鱼纲	鲤形目	鳅科	条鳅属	1	0.1
41	保亭近腹吸鳅	辐鳍鱼纲	鲤形目	平鳍鳅科	近腹吸鳅属	3	0.2
42	海南红鲌	硬骨鱼纲	鲤形目	鲤科	红鲌属	5	0.3
43	红鳍鲌	硬骨鱼纲	鲤形目	鲤科	鲌属	1	0.1
44	拟平鳅	辐鳍鱼纲	鲤形目	平鳍鳅科	拟平鳅属	1	0.1
45	斑鳢	硬骨鱼纲	鲇形目	鲿科	鳢属	1	0.1
46	北江光唇鱼	辐鳍鱼纲	鲤形目	鲤科	光唇鱼属	1	0.1
47	瓦氏黄颡鱼	硬骨鱼纲	鲇形目	鲿科	黄颡鱼属	2	0.1
48	斑点叉尾鲴	鱼纲	鲶形目	鲴科	叉尾鲴属	2	0.1
合计						1710	100.0

尼罗罗非鱼

齐氏罗非鱼

福建纹胸鮡

东方墨头鱼

海南华鳊（大眼鱼）

唇鲮

图 5.2（一） 各类鱼照片

中华花鳅

银鮈

点纹银鮈

陵吻虾虎鱼

南方拟鳘

鳘

黑鳍鳈

海南拟鮡

革胡子鲇（埃及塘虱鱼）

台细鳊

似鮈

鲇

大眼华鳊

鲮鱼

图5.2（二）　各类鱼照片

大刺鳅

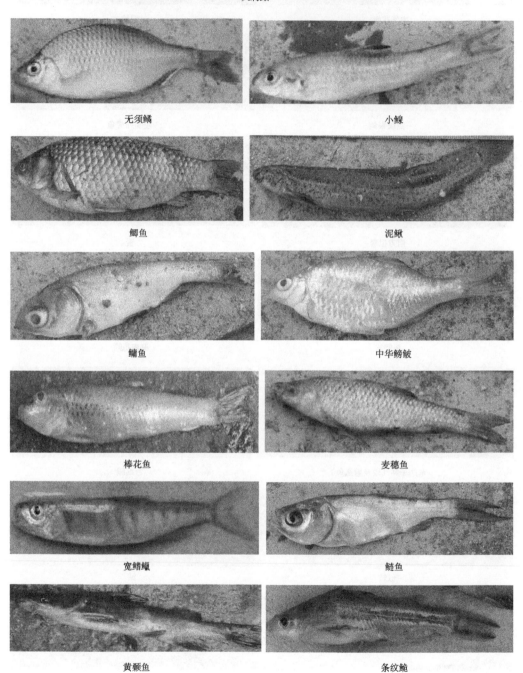

无须鲴　　　　　　　　　小鳡

鲫鱼　　　　　　　　　泥鳅

鳊鱼　　　　　　　　　中华鳑鲏

棒花鱼　　　　　　　　麦穗鱼

宽鳍鱲　　　　　　　　鲢鱼

黄颡鱼　　　　　　　　条纹鮈

图 5.2（三）　各类鱼照片

纹唇鱼　　　　　　　　　　　黄尾鲴

赤眼鳟　　　　　　　　　　　美丽小条鳅

保亭近腹吸鳅　　　　　　　　海南红鲌

红鳍鲌　　　　　　　　　　　拟平鳅

斑鳢　　　　　　　　　　　　北江光唇鱼

瓦氏黄颡鱼　　　　　　　　　鲤鱼

草鱼　　　　　　　　　　　　马口鱼

斑点叉尾鮰

图 5.2（四）　各类鱼照片

鱼道监测到的鱼类共计 48 种，分别属于 3 目 14 科。其中鲤形目 4 科 36 种，占 75%；鲈形目 6 科 8 种，占 16.7%；鲇形目 4 科 4 种，占 8.3%。各目的种类组成见表 5.2。

表 5.2　　　　　　　　　　　　鱼道监测鱼类各目的种类组成

目	科	种类	所占比例/%
鲤形目	4	36	75
鲈形目	6	8	16.7
鲇形目	4	4	8.3
合计	14	48	100

鲤形目中以鲤科的种类最多，共 31 种，占鲤形目总数的 86%；其次是鳅科和平鳍鳅科，均占鲤形目总数的 5.55%。鲤形目的种类组成见表 5.3。

表 5.3　　　　　　　　　　　　鱼道监测鱼类鲤形目的种类组成

科	种类	所占比例/%	科	种类	所占比例/%
鲤科	31	86	平鳍鳅科	2	5.55
花鳅科	1	2.78	合计	36	100
鳅科	2	5.55			

鲤科中又以鮈亚科的种类最多，共 6 种，占鲤科总数的 40.00%；其次是鲌亚科为 5 种，占鲤科总数的 33.33%，野鲮亚科为 3 种，占鲤科总数的 20.00%。鲤科各亚科的种类组成见表 5.4。

表 5.4　　　　　　　　　　　　鱼道监测鱼类鲤科各亚科的种类组成

亚科	种类	所占比例/%	亚科	种类	所占比例/%
野鲮亚科	3	20.00	鲹鲅亚科	1	6.67
鲌亚科	5	33.33	合计	15	100
鮈亚科	6	40.00			

5.1.2　流溪河水厂坝鱼道过鱼效果评估讨论

鱼类的洄游受生态环境因子水温、径流量等诱发[20]。因此，需要关注鱼道监测采样期间的相关环境因子与鱼道过鱼效果的关系。本鱼道监测内容主要包括：鱼数量、体长、体宽、体重、鱼道上游水位、下游水位、水温、溶解氧浓度。本节对鱼道过鱼数量与这些因子之间的关系进行了相关分析。

1. 过鱼数量随季节的变化

根据持续一年半的鱼道监测结果，发现不同月份进入鱼道的种类和数量存在较大差异，变化规律如图 5.3 所示。种类和数量基本成正相关关系，种类与数量之间关系如图 5.4 所示。

从图 5.3 可以看出，6 月种类和数量最多，有 323 尾，21 种，2015 年 12 月最少，只有 1 尾、1 种。2—6 月，鱼道过鱼数量和种类呈递增趋势，7—12 月鱼道过鱼数量和种类呈递减趋势，但 2016 年 7—12 月鱼道过鱼数量和种类较 2015 年同期有大幅度增加。2015

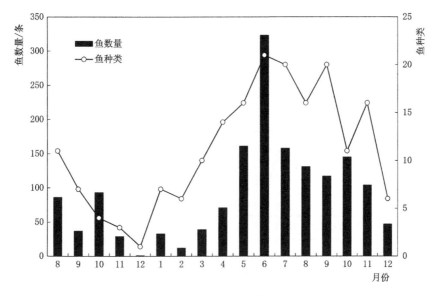

图 5.3　过鱼数量和种类随季节变化图

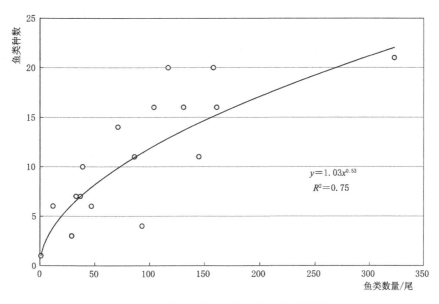

图 5.4　过鱼数量和种类之间相关关系图

年 12 月主要由于上游水库冬检，鱼道上下游水位很低，基本上没有鱼类上溯。2016 年 12 月份鱼道水位比较高，过鱼数量较 2015 年同期有所增加。2016 年 1 月上旬气温回暖，水量较丰沛，过鱼数量和种类都有所增加。2016 年 2 月上旬广州遭遇霸王级寒潮，气温较低，鱼道过鱼数量和种类都明显减少。可以看出，水厂坝鱼道的主要过鱼季节是 4—10 月。

2. 过鱼效果的主要影响因素分析

生态环境因子的变化是诱发鱼类洄游行为的主要因素，通过文献调研，影响鱼道过鱼效果的主要生态环境因子有水温、径流等。对于鱼道而言，过流量主要是由上游水位所决定。因此，主要分析一下 2015 年 8 月—2016 年 7 月，一年内鱼道水温和上游水位变化对鱼道过鱼效果的影响。分析结果如图 5.5 所示。

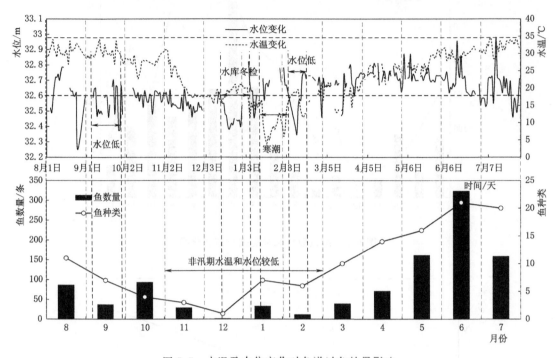

图 5.5　水温及水位变化对鱼道过鱼效果影响

从图中可以看出，水温和水位对鱼道过鱼效果影响很大。一年中水温随着季节变幅较大，但由于广州冬季时间较短，1 月、2 月水温一般在 20℃，遇到寒潮，水温可能出现大幅度降低。如 2016 年 1 月中旬至 2 月初，广州迎来霸王级寒潮，流溪河水温最低达到 4℃，鱼道附近发现很多被冻死的鱼类，漂浮在河岸边，据监测人员调查，被冻死的鱼类中，大部分是罗非鱼。主要是因为罗非鱼是外来入侵鱼种，其能适应生存的水温最低 7℃，低于这个温度罗非鱼无法生存，而本土鱼种对这种突然降温的适应性能较强。实验监测结果也证实，2—4 月连续 3 个月鱼道基本没有监测到罗非鱼，5 月开始经常能监测到个体只有 2～4cm 的小罗非鱼，6—7 月罗非鱼的个体和数量都相应增加。

鱼道上游水位对鱼道过鱼效果影响也很大，2015 年 12 月初至 2016 年 1 月初，流溪河上游水库检修，导致鱼道上游水位普遍低于 32.6m，最低达到 32.4m，致使 2015 年 12 月只监测到一条个体比较大的鲤鱼。2015 年 9 月，受上游水库调节影响，鱼道水位降低到 32.6m，最低 32.5m，导致 9 月过鱼数量和种类比其他月份都少。2 月寒潮过去之后，鱼道水温有所回升，维持在 20℃，但由于上游水位较低，导致过鱼数量和种类较 1 月和 3 月都低。

通过相关分析进一步定量分析了鱼道过鱼数量与水温、水位的关系，如图 11.6、图 11.7 所示。过鱼数量随着月平均水温增加而增加，当水温达到 30℃时过鱼数量较多，之后随着水温增加过鱼数量不再增加，反而会减少，相关系数 R^2 达 0.74；过鱼数量随月平均水位增高而增加，当水位在 32.6～32.7m 变化时，过鱼数量比较多，相关系数 R^2 达 0.62。

不同季节和水文状况下，鱼道过鱼效果差异非常明显，非汛期鱼道上游水位偏低，同时鱼道水温较低，导致进入鱼道的鱼类种类和数量都减少；相反，汛期上游水位较高，鱼道水温也较高，尤其是在阴雨天，鱼道上游涨水，通过鱼道的鱼类种类和数量明显增加，而且个体差异较大，大到体长 74cm，重 8300g 的革胡子鲇（Clarias fuscus），小到体长 5cm，重 20g 的中华鳑鲏（Rhodeus sinensis）均能监测到。分析原因认为，汛期恰逢鱼类繁殖产卵季节，另外涨水期水流会从上游带来很多食物，从鱼类产卵和捕食的需求出发，其通过鱼道的可能性会大大增加。

综上分析，鱼道过鱼效果是上游水位和鱼道水温共同决定的，只有两者都达到过鱼条件，鱼道过鱼效果最佳。通过分析发现，当鱼道水温在 20～35℃ 变化，上游水位 32.6～33m 变化时，过鱼数量和效果比较好，见图 5.6～图 5.7。

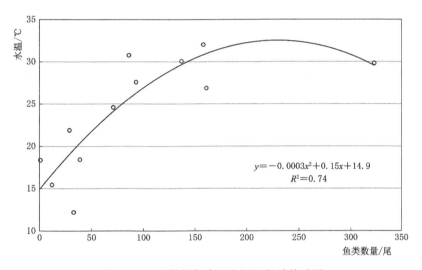

图 5.6 过鱼数量与水温之间的相关关系图

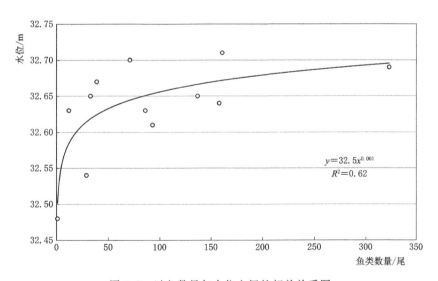

图 5.7 过鱼数量与水位之间的相关关系图

为了更加客观地评价水厂坝鱼道的过鱼效果，现将水厂坝实验性鱼道过鱼效果与国内外其他几个鱼道的过鱼情况进行对比，见表 5.5。

表 5.5　　　　　　　　　　　　水厂坝鱼道运行效果与其他鱼道的比较

鱼道名称	鱼道类型	监测时间	过鱼种类	过鱼数量/(尾/h)	参考文献
洋塘	垂直竖槽式	1981 年 4—7 月	36	385	徐维忠和李生武，1982
裕溪闸	隔板竖缝式	1973 年 3—5 月	15	75	安徽水产资源调查小组，1975
Engenheiro Sergio Motta（巴西）	隔板竖缝式	2004 年 12 月—2005 年 3 月	37	—	Sergio 等，2007
Burnett River barrage（澳大利亚）	隔板竖缝式	1984—1987 年	34	187	Stuart 和 Berghuis，2002
西牛鱼道	垂直竖槽式	2012 年 3—8 月	38	41	李捷等，2013
水厂坝鱼道	丹尼尔式	2015 年 3 月—2016 年 12 月	48	36	本鱼道

由表 5.5 可见，本次实验性鱼道监测时段内共有 48 种鱼类通过鱼道，过鱼种类明显高于国内外列举的几个鱼道，与流溪河生境独特，鱼类种类丰富有一定关系，也说明鱼道是能让该河段的鱼类上溯的。

在过鱼数量上面来看，鱼道过鱼数量较其他鱼道偏少。除了该河段位于市区、捕捞压力大等客观原因之外，还有鱼道设计和布置上的问题：第三水厂坝为全河段的翻板式闸门，丰水期全河段过水，鱼道的有效宽度 0.52m，相比于河道的过水宽度 180m 仅占很小的比例，鱼类不易找到鱼道进口。常见的竖缝式鱼道进口常布置于电站尾水下游，利用尾水的集中水流来吸引鱼类，但是对于三角洲平原地区广泛存在的为灌溉和供水修建的这类自动翻板式溢流坝和滚水坝，则不存在这股吸引鱼类的集中水流，鱼道布置采用丹尼尔式或者竖缝式等技术性鱼道，都会存在鱼类找不到鱼道进口的问题，应是采用仿自然型鱼道，并保证一定的鱼道规模，国外建议的是鱼道宽度占河宽的 10%～15%，或者鱼道流量占河道多年平均流量的 10%～15%，国内可以参考这个数值。

5.1.3　结论

通过统计分析方法对鱼道的过鱼效果进行了评价，分析了不同季节、上游来流条件等对鱼道过鱼的影响，并与国内外其他鱼道过鱼效果进行了比较，客观地评价了水厂坝实验性鱼道的过鱼效果及推广应用价值，主要得出以下几点结论：

（1）监测时段内，鱼道过鱼数量为 1710 尾，48 种，分属 3 目、14 科、46 属。可以认为本次实验性鱼道建设是成功的，结构型式满足设计期望要求。

（2）水厂坝鱼道的主要过鱼季节是 4—10 月。

（3）上游水位和河道水温共同影响鱼道的过鱼效果，其中，当鱼道水温在 20～35℃变化，上游水位 32.6～33m 变化时，过鱼的数量和效果较好。

（4）48 种鱼选择实验性鱼道上溯，过鱼种类高于国内外列举的几个鱼道，但受工程位置和区域生态环境限制，过鱼数量少于其他鱼道。

（5）通过实验性鱼道过鱼效果监测表明，鱼道的建设在一定程度上缓解了闸坝工程对河道生态链的阻隔影响，保持了河道原有的生态多样性，建议以后在可能的情况下，自下而上修建过鱼设施。

5.2　长洲水利枢纽鱼道

长洲水利枢纽位于西江干流梧州江段，工程于2003年开工，2007年8月建成横隔板式鱼道，引流量为6.64m³/s。鱼道宽5m，全长1443.3m，鱼道下游入口设在厂房尾水约100m位置，见图5.8。而近几年在长洲水利枢纽以下江段出现的鱼类约为81种（李捷等，2009），中华鲟（Acipenser sinensis）、鲥（Hilsa reevesii）等已经在渔获物中消失，捕捞种类主要为广东鲂（Megalobrama hoffmanni）、赤眼鳟（Spualiobarbus curriculus）、鲮（Cirrhinus molitorella）、鳊（Parabramis pekinensis）、海南红鲌（Erythroculter pseudobrevicauda）、黄尾鲴（Xenocypris davidi）、鲤（Cyprinus carpio）、青鱼（Mylopharyngodon piceus）、草鱼（Ctenopharyngodon idellus）、鲢（Hypophthalmich－thys molitrix）、鳙（Aristichthys nobilis）[21]。

5.2.1　长洲水利枢纽鱼道过鱼效果评估结果

通过鱼道内拉网对过坝鱼类进行堵截，首先在鱼道下游尾水区域使用钢丝网将鱼道的排水口拦住，钢丝网的尺寸为（宽×高）1.8m×1.5m，网眼大小为1.5cm×1.2cm，并使用钢管焊接固定。然后将鱼道上的挡洪闸门和出口的检修闸门关闭，将其中的水基本排干，最后进行样品收集。对采集的鱼类进行种类鉴定，并测量体长和体重，见图5.9。

图5.8　长洲水利枢纽鱼道　　　　　图5.9　长洲水利枢纽鱼道捕捞现场

2011年监测时段内共监测到各类鱼共1121尾，分属3目，6科，19种；次年监测时段内共监测到各类鱼共2206尾，分属4目，7科，23种；鱼类名录、数量见表5.2。可以看出，2011年赤眼鳟所占比例最高，高达33.4%，其次是瓦氏黄颡鱼，占19.5%，其他为鲮和银飘鱼，分别占7.3%和5.8%；而2012年调查结果显示主要优势种类为鳘（36.7%）、瓦氏黄颡鱼（26.9%）、银飘鱼（17.9%）、赤眼鳟（8.7%）、日本鳗鲡（5.8%），鱼类详情见表5.6[21]。

表 5.6 两年中鱼道监测鱼类名录

序号	名　称	体长范围	体重范围	2011 年	2012 年
1	日本鳗鲡	202~390	8.3~240.0	较多	较多
2	乌耳鳗鲡	150~330	12~205		较少
3	青鱼	119	30		较少
4	草鱼	342	819		较少
5	鳙鱼	145~231	51~123		较少
6	鲢鱼	181~470	82.1~1556.0	较少	较少
7	鳡鱼	870	7061		较少
8	赤眼鳟	123~390	26.6~1044.9	较多	较多
9	瓦氏黄颡鱼	85~226	6.5~989.6	较多	较多
10	银鲴	130~220	130~220	多	较少
11	鳊鱼	146~348	39~348	较少	较少
12	大眼华鳊	122	35.6	较少	
13	东方墨头鱼	68~90	8.7~19.1	较少	
14	海南红鲌	97~141	9.2~24.7	较少	
15	鲮鱼	70~416	5.9~507.6	较多	较少
16	麦瑞加拉鲮	221	167.9	较少	
17	银鮈	73~84	4~30		较少
18	银飘鱼	102~170	7~71	较多	较多
19	麦穗鱼	60~80	5	较少	
20	马口鱼	80~130	6~28		较少
21	鲤鱼	475	2756		较少
22	鳘	97~168	4.9~79.0	较多	较少
23	壮体沙鳅	60~110	4.3~38.0	多	较少
24	花斑副沙鳅	86~130	6~79	较少	较少
25	鲶鱼	310~643	318~2814	较少	较少
26	大刺鳅	227~365	33.3~147.1	多	
27	鳜鱼	165	112.6	较少	
28	斑纹舌鰕虎鱼	63	4		较少
29	尼罗罗非鱼	112~250	50~120		较少
30	弓斑东方鲀	95~148	23~111		较少

5.2.2 长洲水利枢纽鱼道过鱼效果评估讨论

不同的季节和水文状况下，鱼道运行效果的差异非常明显。与 2011 年 5 月 17—29 日鱼道中出现的种类相比较，2012 年 4 月出现的种类增加了 8 种，如青鱼、草鱼、鳙鱼、鳡鱼等，但另有 6 种未出现，如大刺鳅、大眼华鳊、鳜鱼等；另外，在优势种规格大小分布上也有明显差异，如赤眼鳟。总体上看，2012 年 4 月在鱼道中采集到的个体明显比

2011 年的规格大，2011 年采集到的个体基本上在 1.0 kg 以下。2012 年监测结果与 2011 年产生区别的原因，可能与鱼道上、下游水位落差有关。从水温和径流量看，2 年的情况上基本一致，但水位的差异很大，2011 年首次采样时，上、下游水位落差仅 4.5 m，而 2012 年首次采样时，落差达 11.8 m。不同的水位落差导致鱼道下游的流速不同，可能在诱导鱼类上溯上会有所区别[21]。

5.2.3　结论

长洲水利枢纽鱼道中出现鱼类累计达 30 种，分属 4 目、9 科。采集到包括四大家鱼等 30 多种鱼，证明该鱼道具有较好的过鱼功能。但两年中鱼类采集并没有发现广东鲂，故推测长洲坝水利枢纽修建阻隔了广东鲂的洄游通道，导致其在水坝上游江段数量急剧下降。广东鲂在长洲坝坝上江段的缺失不仅给渔业捕捞带来经济损失，同时也会影响河流水生态系统功能。从目前监测到繁殖期广东鲂在坝下群聚的现象分析，说明其迫切需要通过鱼道上溯进行产卵繁殖[21]。

5.3　本章小结

本章对鱼道过鱼效果评估方法进行了介绍，在其基础上讨论了流溪河水厂坝鱼道设计、运行、管理与过鱼效果评估结果。结合国内以建过鱼设施的运行效果和作用，给出了国内鱼道建设和监测技术的发展方向，为鱼道过鱼效率的评价、设施运行效果监测等技术性规范提供建言。

第6章 结 论 与 展 望

6.1 结论

（1）本书收集珠江流域主要江河的鱼类分布、鱼类产卵场和保护区位置等资料，分析洄游性和半洄游性鱼类生活习性和资源量，不仅就珠江河口、西江河段、东江河段等珠江流域范围内的 20 余种一般性鱼类资源的调查进行了介绍，还针对该流域河口特有的白海豚进行了充分的调研和针对性分析，通过不同江段进行现场走访调研，向当地渔民咨询鱼类变迁情况，到码头、市场了解近期渔获物捕捞情况，使用相机对渔获物进行拍照鉴定，测定鱼类体长及体重。在一些重点江段需进行生物采样，结合现场地形使用拖网或流刺网进行鱼类捕捞，掌握江段洄游性及半洄游性鱼类现状情况，把握洄游性鱼类洄游动向。最后结合各水产站历史记载与文献资料，比较重点江段洄游性及半洄游性鱼类的变化特点，包括种群数量、洄游时间、洄游地点等变化，确定洄游受阻的潜在对象。

（2）珠江流域鱼类行为学研究同步开展，通过选择不同生命阶段的目标洄游鱼类（幼鱼、亚成体、成体）为试验对象（采用捕捞野生个体）进行游泳能力测试；为探索目标洄游鱼类在复杂流场下的游泳行为，评估其在局部常规鱼道中的克流能力，通过常规鱼道模拟试验，定量比较成功通过鱼道及未通过鱼道实验鱼的游泳方式的差异。

（3）使用 FLOW3D 数值模拟软件对各鱼道进行水动力模拟，分析水力学参数（紊动能、涡量等）对实验鱼游泳行为的影响，确定影响鱼道通过能力的主要因素；研究水中生命体的扩散、迁移规律及其流场控制技术，以便为鱼类生境保护与修复提供技术支撑；为满足不同特殊鱼类的需求，构建具有多级流速通道的新型鱼道。

（4）对于难以适用常规鱼道上溯的洄游鱼类，需针对性地进行鱼道改造或提出新型鱼道形式，调整常规鱼道的过鱼孔或竖缝大小，局部调整糙率大小，使得鱼道内形成多级流速通道。以满足不同的鱼类需求；根据鳗鱼游泳行为特点，设定鳗鱼道水力运行工况，并调整鳗鱼道的基质材料、基质间隔布置、鳗鱼道坡度，最后通过实验寻找最有利于鳗鲡上溯的鳗鱼道形式。其他鱼类同样针对性地进行鱼道改造后克流实验。

（5）珠江流域水系河网高度发达、拦河闸坝众多，鱼类种类达千余种，各种洄游鱼类习性千差万别，本书就珠江流域鱼道设计及一些特殊鱼类的洄游需求进行了整理，讨论了鱼道过鱼效果评估的前沿方法，为建立鱼道设计管理的科学方法奠定基础。而对于特殊结构形式的鱼道如鳗鱼道从未涉及，随着我国环保意识的不断增强，对于生态保护的力度越来越大，一些较为重要的经济特殊鱼类会得到越来越多的关注。

6.2 展望

国外无论是鱼类游泳行为，还是鱼道形式及水力特性的研究起步都较早，并已经建立了一套较为成熟的鱼道设计标准，提出了鳗鱼道等特殊结构形式鱼道。我国实际上直到2010年后才对鱼道有较为科学的认识，并逐步重视与其相关的鱼类行为学研究，但总体而言多照搬国外经验结论，基础相对薄弱，并且国内鱼道建设形式单一、目标单一，多以四大家鱼为过鱼目标构建竖缝式鱼道和生态鱼道，普遍适用性不强。国外鱼道多针对游泳能力较强的鲑科鱼类，其游泳行为与我国的鱼类特点相距甚远，仅国内而言洄游鱼类也十分丰富，有着不同的洄游特点，针对四大家鱼的鱼道设计无法满足一些特殊鱼类的洄游。珠江流域鱼类资源极其丰富，洄游鱼类多达数十种，目前对鱼类资源的调查研究多涉及西江、北江、东江、韩江部分河段，实际上珠江河口也分布着许多不同类型鱼种，其中不乏鲥鱼、七丝鲚、凤鲚、白肌银鱼等平时栖息于近岸河口，产卵时进入内陆淡水的洄游鱼类，相关方面尚缺乏研究。

从目前的研究看来，广东省重要经济鱼类广东鲂、珍稀物种鳗鲡的洄游问题得到了相关工作者的关注，但依据 SL 609—2013《水利水电工程鱼道设计导则》的鱼道设计指导不能解决这两种鱼类的洄游问题，并且相应的解决办法未见公开报道。为此，有必要开展以珠江流域范围主要特殊洄游鱼种为研究对象，在小型游泳循环水槽及模拟原型鱼道内测定其在不同生境因子条件下的游泳行为，结合数值模拟法分析影响鱼类通过鱼道水流屏障的关键因子，评估目标鱼类在现有普通鱼道形式特征流场内的通过能力，通过构建多级流速通道鱼道寻找和探索能够兼顾多种鱼类上溯的新型鱼道，解决珠江流域特殊鱼种洄游过坝问题。

参　考　文　献

［1］　李桂峰. 珠江鱼类图鉴［M］. 北京：科学出版社，2018.

［2］　曹平穆，祥鹏，等. 与鱼道水力设计相关的草鱼幼鱼游泳行为特性研究［J］. 水利学报，2017，48（12）：1456-1464.

［3］　R W Blake. Functional design and burst-and-coast swimming in fishes［J］. Canadian Journal of Zoology，1983，61（11）.

［4］　吴冠豪，曾理江. 用于自由游动鱼三维测量的视频跟踪方法［J］. 中国科学（G 辑：物理学 力学 天文学），2007（6）：760-766.

［5］　Michel Larinier. Fish passage experience at small-scale hydro-electric power plants in France［J］. Hydrobiologia，2008，609（1）.

［6］　Amber L Parsons，John R Skalski. Quantitative Assessment of Salmonid Escapement Techniques［J］. Reviews in Fisheries Science，2010，18（4）.

［7］　Joshua L McCormick，Laura S Jackson，Fabian M Carr，et al. Evaluation of Probabilistic Sampling Designs for Estimating Abundance of Multiple Species of Migratory Fish Using Video Recordings at Fishways［J］. North American Journal of Fisheries Management，2015，35（4）.

［8］　Cristi Negrea，Donald E Thompson，Steven D Juhnke，et al. Automated Detection and Tracking of Adult Pacific Lampreys in Underwater Video Collected at Snake and Columbia River Fishways［J］. North American Journal of Fisheries Management，2014，34（1）.

［9］　Anna E Steel，Julia H Coates，Alex R Hearn，et al. Performance of an ultrasonic telemetry positioning system under varied environmental conditions［J］. Animal Biotelemetry，2014，2（1）.

［10］　Hughes James S，Khan Fenton，Liss Stephanie A，et al. Evaluation of Juvenile salmon passage and survival through a fish weir and other routes at Foster Dam，Oregon，USA［J］. Fisheries Management and Ecology，2021，28（3）.

［11］　Piper Adam T，Manes Costantino，Siniscalchi Fabio，et al. Response of seaward-migrating European eel（Anguilla anguilla）to manipulated flow fields［J］. Proceedings. Biological sciences，2015，282（1811）.

［12］　Denise Weibel，Armin Peter. Effectiveness of different types of block ramps for fish upstream movement［J］. Aquatic Sciences，2013，75（2）.

［13］　徐维忠，李生武. 洋塘鱼道过鱼效果的观察［J］. 湖南水产科技，1982（1）：21-27.

［14］　金瑶，王翔，陶江平，等. 基于 PIT 遥测技术的竖缝式鱼道过鱼效率及鱼类行为分析［J］. 农业工程学报，2022，38（4）：251-259.

［15］　谭细畅，李跃飞，李新辉，等. 梯级水坝胁迫下东江鱼类产卵场现状分析［J］. 湖泊科学，2012，24（3）：443-449.

［16］　何贞俊，李新辉，张艳艳. 广州流溪河鱼类资源调查研究［J］. 人民珠江，2015，36（5）：112-114.

［17］　蔡露，涂志英，袁喜，等. 鳙幼鱼游泳能力和游泳行为的研究与评价［J］. 长江流域资源与环境，2012，21（S2）：89-95.

［18］　傅菁菁，李嘉，安瑞冬，等. 基于齐口裂腹鱼游泳能力的竖缝式鱼道流态塑造研究［J］. 四川大学学报（工程科学版），2013，45（3）：12-17.

［19］ 刘浩，臧海燕，王兴隆，等. 丰满大坝过鱼设施金属结构设备布置与设计 ［J］. 东北水利水电，2019，37（10）：7-9，16.

［20］ 刘艳佳，高雷，郑永华，等. 洞庭湖通江水道鱼类资源周年动态及其洄游特征研究 ［J］. 长江流域资源与环境，2020，29（2）：376-385.

［21］ 李跃飞，李新辉，谭细畅，等. 西江肇庆江段渔业资源现状及其变化 ［J］. 水利渔业，2008（2）：80-83.

［22］ 谭细畅，陶江平，黄道明，等. 长洲水利枢纽鱼道功能的初步研究 ［J］. 水生态学杂志，2013，34（4）：58-62.